第一推动丛书：生命系列
The Life Series

比天空更宽广
Wider Than the Sky

［美］杰拉尔德·M.埃德尔曼 著　唐璐 译
Gerald M. Edelman

湖南科学技术出版社

THE
FIRST
MOVER

总序

《第一推动丛书》编委会

　　科学，特别是自然科学，最重要的目标之一，就是追寻科学本身的原动力，或曰追寻其第一推动。同时，科学的这种追求精神本身，又成为社会发展和人类进步的一种最基本的推动。

　　科学总是寻求发现和了解客观世界的新现象，研究和掌握新规律，总是在不懈地追求真理。科学是认真的、严谨的、实事求是的，同时，科学又是创造的。科学的最基本态度之一就是疑问，科学的最基本精神之一就是批判。

　　的确，科学活动，特别是自然科学活动，比起其他的人类活动来，其最基本特征就是不断进步。哪怕在其他方面倒退的时候，科学却总是进步着，即使是缓慢而艰难的进步。这表明，自然科学活动中包含着人类的最进步因素。

　　正是在这个意义上，科学堪称为人类进步的"第一推动"。

　　科学教育，特别是自然科学的教育，是提高人们素质的重要因素，是现代教育的一个核心。科学教育不仅使人获得生活和工作所需的知识和技能，更重要的是使人获得科学思想、科学精神、科学态度以及科学方法的熏陶和培养，使人获得非生物本能的智慧，获得非与生俱来的灵魂。可以这样说，没有科学的"教育"，只是培养信仰，而不是教育。没有受过科学教育的人，只能称为受过训练，而非受过教育。

　　正是在这个意义上，科学堪称为使人进化为现代人的"第一推动"。

近百年来，无数仁人志士意识到，强国富民再造中国离不开科学技术，他们为摆脱愚昧与无知做了艰苦卓绝的奋斗。中国的科学先贤们代代相传，不遗余力地为中国的进步献身于科学启蒙运动，以图完成国人的强国梦。然而可以说，这个目标远未达到。今日的中国需要新的科学启蒙，需要现代科学教育。只有全社会的人具备较高的科学素质，以科学的精神和思想、科学的态度和方法作为探讨和解决各类问题的共同基础和出发点，社会才能更好地向前发展和进步。因此，中国的进步离不开科学，是毋庸置疑的。

正是在这个意义上，似乎可以说，科学已被公认是中国进步所必不可少的推动。

然而，这并不意味着，科学的精神也同样地被公认和接受。虽然，科学已渗透到社会的各个领域和层面，科学的价值和地位也更高了，但是，毋庸讳言，在一定的范围内或某些特定时候，人们只是承认"科学是有用的"，只停留在对科学所带来的结果的接受和承认，而不是对科学的原动力 —— 科学的精神的接受和承认。此种现象的存在也是不能忽视的。

科学的精神之一，是它自身就是自身的"第一推动"。也就是说，科学活动在原则上不隶属于服务于神学，不隶属于服务于儒学，科学活动在原则上也不隶属于服务于任何哲学。科学是超越宗教差别的，超越民族差别的，超越党派差别的，超越文化和地域差别的，科学是普适的、独立的，它自身就是自身的主宰。

　　湖南科学技术出版社精选了一批关于科学思想和科学精神的世界名著，请有关学者译成中文出版，其目的就是为了传播科学精神和科学思想，特别是自然科学的精神和思想，从而起到倡导科学精神，推动科技发展，对全民进行新的科学启蒙和科学教育的作用，为中国的进步做一点推动。丛书定名为"第一推动"，当然并非说其中每一册都是第一推动，但是可以肯定，蕴含在每一册中的科学的内容、观点、思想和精神，都会使你或多或少地更接近第一推动，或多或少地发现自身如何成为自身的主宰。

再版序
一个坠落苹果的两面：
极端智慧与极致想象

龚曙光
2017年9月8日凌晨于抱朴庐

连我们自己也很惊讶，《第一推动丛书》已经出了25年。

或许，因为全神贯注于每一本书的编辑和出版细节，反倒忽视了这套丛书的出版历程，忽视了自己头上的黑发渐染霜雪，忽视了团队编辑的老退新替，忽视好些早年的读者，已经成长为多个领域的栋梁。

对于一套丛书的出版而言，25年的确是一段不短的历程；对于科学研究的进程而言，四分之一个世纪更是一部跨越式的历史。古人"洞中方七日，世上已千秋"的时间感，用来形容人类科学探求的速律，倒也恰当和准确。回头看看我们逐年出版的这些科普著作，许多当年的假设已经被证实，也有一些结论被证伪；许多当年的理论已经被孵化，也有一些发明被淘汰……

无论这些著作阐释的学科和学说，属于以上所说的哪种状况，都本质地呈现了科学探索的旨趣与真相：科学永远是一个求真的过程，所谓的真理，都只是这一过程中的阶段性成果。论证被想象讪笑，结论被假设挑衅，人类以其最优越的物种秉赋——智慧，让锐利无比的理性之刃，和绚烂无比的想象之花相克相生，相否相成。在形形色色的生活中，似乎没有哪一个领域如同科学探索一样，既是一次次伟大的理性历险，又是一次次极致的感性审美。科学家们穷其毕生所奉献的，不仅仅是我们无法发现的科学结论，还是我们无法展开的绚丽想象。在我们难以感知的极小与极大世界中，没有他们记历这些伟大历险和极致审美的科普著作，我们不但永远无法洞悉我们赖以生存世界的各种奥秘，无法领略我们难以抵达世界的各种美丽，更无法认知人类在找到真理和遭遇美景时的心路历程。在这个意义上，科普是人类极端智慧和极致审美的结晶，是物种独有的精神文本，是人类任何其他创造——神学、哲学、文学和艺术无法替代的文明载体。

在神学家给出"我是谁"的结论后，整个人类，不仅仅是科学家，包括庸常生活中的我们，都企图突破宗教教义的铁窗，自由探求世界的本质。于是，时间、物质和本源，成为了人类共同的终极探寻之地，成为了人类突破慵懒、挣脱琐碎、拒绝因袭的历险之旅。这一旅程中，引领着我们艰难而快乐前行的，是那一代又一代最伟大的科学家。他们是极端的智者和极致的幻想家，是真理的先知和审美的天使。

我曾有幸采访《时间简史》的作者史蒂芬·霍金，他痛苦地斜躺在轮椅上，用特制的语音器和我交谈。聆听着由他按击出的极其单调的金属般的音符，我确信，那个只留下萎缩的躯干和游丝一般生命气息的智者就是先知，就是上帝遣派给人类的孤独使者。倘若不是亲眼所见，你根本无法相信，那些深奥到极致而又浅白到极致，简练到极致而又美丽到极致的天书，竟是他蜷缩在轮椅上，用唯一能够动弹的手指，一个语音一个语音按击出来的。如果不是为了引导人类，你想象不出他人生此行还能有其他的目的。

无怪《时间简史》如此畅销！自出版始，每年都在中文图书的畅销榜上。其实何止《时间简史》，霍金的其他著作，《第一推动丛书》所遴选的其他作者著作，25年来都在热销。据此我们相信，这些著作不仅属于某一代人，甚至不仅属于20世纪。只要人类仍在为时间、物质乃至本源的命题所困扰，只要人类仍在为求真与审美的本能所驱动，丛书中的著作，便是永不过时的启蒙读本，永不熄灭的引领之光。

虽然著作中的某些假说会被否定，某些理论会被超越，但科学家们探求真理的精神，思考宇宙的智慧，感悟时空的审美，必将与日月同辉，成为人类进化中永不腐朽的历史界碑。

因而在25年这一时间节点上，我们合集再版这套丛书，便不只是为了纪念出版行为本身，更多的则是为了彰显这些著作的不朽，为了向新的时代和新的读者告白：21世纪不仅需要科学的功利，而且需要科学的审美。

当然，我们深知，并非所有的发现都为人类带来福祉，并非所有的创造都为世界带来安宁。在科学仍在为政治集团和经济集团所利用，甚至垄断的时代，初衷与结果悖反、无辜与有罪并存的科学公案屡见不鲜。对于科学可能带来的负能量，只能由了解科技的公民用群体的意愿抑制和抵消：选择推进人类进化的科学方向，选择造福人类生存的科学发现，是每个现代公民对自己，也是对物种应当肩负的一份责任、应该表达的一种诉求！在这一理解上，我们将科普阅读不仅视为一种个人爱好，而且视为一种公共使命！

牛顿站在苹果树下，在苹果坠落的那一刹那，他的顿悟一定不只包含了对于地心引力的推断，而且包含了对于苹果与地球、地球与行星、行星与未知宇宙奇妙关系的想象。我相信，那不仅仅是一次枯燥之极的理性推演，而且是一次瑰丽之极的感性审美……

如果说，求真与审美，是这套丛书难以评估的价值，那么，极端的智慧与极致的想象，则是这套丛书无法穷尽的魅力！

献给玛可欣（Maxine）

大脑/比天空更宽广，

因为/放在一起，

大脑能将天空涵盖。

大脑/比海洋更深邃，

因为/就像海绵，

大脑能将海洋包容。

大脑与上帝/难分孰重孰轻，

如果/要有差别，

只在名分不同。

狄更生 （Emily Dickinson）， 1862

前言

　　宝贵的意识是我们能够得以成为人的保证。如果永久性地失去了意识，即使仍然存在生命体征，也会被认为等同于死亡。毫不奇怪，意识一直以来都广受关注。二十五年来，我就这个主题写了很多书和文章。我相信意识能被科学地加以研究，现在关注这个主题的出版物和科学会议与日俱增，这支撑了我的信念。

　　新的进展促使我希望向普通读者介绍意识问题。我的目标很明确：对意识进行定义，并对这个主题给出简单而又不失清晰的观点。这个主题具有挑战性，它也需要读者能付出耐心。我唯一能承诺的是，努力得到的回报将是对于这个人类关注的中心问题更深刻的理解。因此，除非必要，我将尽量避免涉及学术内容，这些在我以前的著作中有很多。想要进行深入了解的读者可以在书后列出的参考文献中找到许多优秀的著作。另外，要理解科学研究，不可避免地会涉及一些专业术语。大脑和意识问题尤其如此。为此我在书后增加了一个术语解释表，希望能有所帮助。

　　威廉·詹姆士（William James）关于意识的阐述直至今日仍然是经典，他说：

迟早会有一天，特定的意识将与特定的脑状态相对应。对其的探索将会使之前所取得的一切科学成就黯然失色。但是在目前，心理学还只相当于伽利略和运动定律出现之前的物理学，或是拉瓦锡和质量守恒定律出现之前的化学。心理学的伽利略和拉瓦锡终有一天会出现。而且，他们的成就将会是"形而上学"式的。与此同时，我们所能做的就是认识到探索的困难重重，并且牢记我们所秉持的自然科学理念都是暂时的并且可以改变。

我很想知道，詹姆士说对意识基础的成功科学研究必将是形而上学式的时，心里想的是什么。不管怎样，在这本书中我会尽量避免深入讨论形而上学问题。我希望能仅仅基于科学的基础来进行解释。我想做的是，说服那些认为这个主题完全是形而上学或绝对神秘的人改变他们的想法。

对意识的科学分析必须回答以下问题：神经元的活动是如何产生出主观感知、思想和情感的？对于一些人来说，这两个方面完全不同，不可调和。科学解释必须合理地阐释它们之间的联系，让一个方面的特征能从另一方面得到理解。这就是这本小册子的目标。

书名取自埃米莉·狄更生（Emily Dickinson）墓碑上的一首诗。这首诗写于1862年前后，当时现代大脑科学尚未出现。我对它印象深刻，因为在赞美心智的宽广和深邃时，狄更生说的全是大脑。至于书的副标题，则是指意识在为我们呈现来自世界的信息时让人惊叹的特性。

致谢

    感谢 Kathryn Crossin、David Edelman、Joseph Gally、Ralph Greenspan和George Reeke博士提供宝贵的批评和建议。图是Eric Edelman画的，我经常有一些怪异的建议，感谢他耐心而富有技巧的回应。Darcie Plunkett为手稿的准备贡献良多。

目录

第1章
人类心智——完成达尔文的计划

1869年，达尔文发现自己对他的朋友 —— 进化论的共同创立者华莱士（Alfred Wallace）—— 感到苦恼。他们对进化论的一些问题看法不同。达尔文感到苦恼的主要原因是，华莱士发表了一篇文章，是关于大脑与人类心智的起源问题。华莱士当时有唯心主义倾向，他认为自然选择不能解释大脑和人类心智。

达尔文在文章发表之前给他写了封信："我希望你还没有彻底扼杀你自己和我的孩子。"他指的当然就是自然选择。华莱士认为自然选择无法解释高级智能和道德。因为史前人类的大脑与现代人的大脑几乎一样大，但是为了适应一个不需抽象思维的生存环境显然不需要这样的结构，因此他们的大脑不可能是自然选择的产物。达尔文不同意华莱士的观点，他认为这种完全依赖于自然选择的适应论观点无法令人信服。他认识到，一些特性虽然没有必要，也仍然有可能随着对其他进化特性的选择而产生。不仅如此，他还认为，各种心智能力相互之间都是有关联的。就像他在《人类的起源》（*The Descent of Man*）一书中举的例子，语言的发展可能促进了大脑的发展。

　　此后沿着达尔文的其他思路产生了大量的成果，但达尔文提出的计划仍然没有完成。要完成这个计划，一个关键任务就是用进化解释意识是如何产生的，而不是将意识视为某种笛卡儿本体，或是思维之物（res cogitans），视为科学无法研究的事物。这本书的一个主要目的就是发展这种观点。

　　这个计划需要一些什么条件呢？回答这个问题之前，我们来看看达尔文1838年写于笔记中的一句话："现代人类的起源证明 —— 形而上学必须繁荣 —— 一个人如果理解了狒狒，他对形而上学的贡献就比洛克（John Locke）还大。"这句话指出了我们应当前进的方向。我们必须给出意识的生物学理论，并为这个理论提供证据支持。这个理论必须能说明意识的神经基础是如何通过进化产生的，以及意识在特定的动物中又是如何发展出来的。

　　两个敏感而重要的问题对我们对这些要求的理解有很大影响。第一个问题是意识的因果效力地位。一种观点认为意识只是副现象（epiphenomenon），不具有决定作用。相反的观点则认为意识是有因果效力的 —— 它能导致事情发生。我们采取的立场是，可以证明是意识的神经基础，而不是意识本身，会导致事情发生，这一点我们在后面再详细阐述。对意识的科学解释，另一个大的挑战是解释神经机制如何产生主观意识状态，也就是感质（quale）。在应对这两个挑战之前，有必要介绍一下意识的特性，以及关于大脑结构和功能的一些知识。

第 2 章
意识——记忆的当下

我们多少都知道意识是什么：当你进入无梦的深度睡眠时你就会失去它，当你醒来时你又会重新得到。但这种说法太过流于表面，无益于对意识进行科学的审视。我们需要对意识的主要特性有更深入的了解，就像威廉·詹姆士（William James）在《心理学原理》（*Principles of Psychology*）中所做的那样。在这样做之前，有必要指出意识是完全基于大脑的。古希腊人认为意识位于心脏，我们仍然能在许多隐喻中看到这种思想。现在有大量经验证据证实，意识是从大脑的组织和运作中涌现出来的。当大脑功能受到限制 —— 比如深度麻醉、某种程度的脑外伤、中风或是特定的睡眠阶段 —— 就会失去意识。一旦死亡，身体和大脑功能就不可能再恢复，也不存在什么死后体验。即使活着的时候，也没有科学证据表明存在自由飘浮的灵魂，或是意识可以离开身体：意识是嵌入式的。这样问题就是：足以让意识出现的身体和大脑必须具有哪些特征，回答这个问题最好的方式就是指出意识体验特性是如何从大脑特性中涌现出来的。

在介绍意识的特性之前，我们还必须强调嵌入性的另一个意义。这涉及每个人的意识体验的私人性或个体性。对此詹姆士是这样说的：

在这个房间里——比如就这个教室——存在着许多的思想，你的，我的，有些相互一致，有些不同。就像它们并不归属于一处一样，它们也不是自足和相互独立的。它们两者都不是：它们中间没有一个是单独的，它们每一个都与某些其他思想，并且只与这些思想有联系。我的思想与我的其他思想有联系，你的思想与你的其他思想有联系。在这个房间里是否在任何地方存在着一种不是任何人的思想的纯粹思想，我们无法确定，因为我们没有经历过这样的东西。我们自然涉及的那些意识状态，只能在个人意识中找到，是心智、自我、具体特定的"你""我"。

这并不奇怪。因为意识是每个人大脑和身体功能的产物，个体独一无二的意识体验和经历无法直接或完整地分享。但这并不意味着无法通过观察、实验和报告将这种体验的主要特性分离出来。

根据这种观点，对于意识人们能够得出的最重要的论断是什么呢？那就是意识是过程而不是实体。詹姆士在《意识存在吗？》一文中明确指出了这一点。直到今天，由于无视这一点，仍然有许多概念性错误。例如，有人认为意识存在于具体的神经细胞（或"意识神经元"）或大脑皮质的某一层上。就像我们将看到的，有证据表明意识过程是通过大脑许多区域神经元群体的分散活动动态完成的。某些脑区对于意识很关键，有可能是必需的，但并不意味着就足以产生意识。另外，某个给定的神经元在这一刻可能参与意识活动，到下一刻却有可能不参与。

　　意识作为过程还有一系列重要特性，可以称之为詹姆士特性（Jamesian properties）。詹姆士指出，意识只发生于个体（也就是说，是私人的和主观的）；似乎是连续的，尽管在不断变化；具有意向性（一般是关于事物），而且不会穷尽其关注的事物或事件的所有方面。最后这个特性与注意有关联。注意，尤其是集中注意，会对意识状态进行调整，并在某种程度上对其进行引导，但其并不等同于意识。在后面的章节中我会再讨论这个问题。

　　意识的一个最显著的特性就是整体性或综合性，起码对于健康人来说是这样。就在我写书的这会儿，我的意识状态似乎是一个整体。当我书写的时候，我意识到阳光、街道上的轰鸣声，我的腿在椅子边缘处有点不适，以及周边几乎感觉不到的事物，也就是詹姆士所说的"外围"。通常不可能将这个综合场景完全缩减到一个事物上，比如我的铅笔。不过这个整体场景会随着外界刺激和内部思想不断变化，产生出另一场景。场景的数量似乎是数不尽的，但每一个都是整体。场景不仅比天空更宽广，还包括许多不同内容——感觉、知觉、图像、记忆、思想、情感、疼痛、模糊的感觉，等等。从内部看，意识似乎在不断变化，然而在每一刻又都是一个整体——我称之为"记忆的当下"（remembered present）——反映出我以往所有的经历都参与形成我当下时刻的整体意识。

　　这个整体而又变化的场景在外部观察者看来又完全不同，每个人都有自己的场景。如果某个外部观察者想测试一下我是否能有意识地同时执行两个或更多任务，他会发现我做得很糟糕。意识能力的这种显然的局限性与意识状态涵盖的内容之广形成了鲜明对比，值得分析一下。我会在讨论意识与非意识活动的差别时再来考虑其根源。

　　直到现在，我还没有提到人类意识的一个显著特性。我们具有对意识的意识。（事实上，正是这种形式的意识驱使了这本书的创作。）没有证据表明其他动物也具备这种能力；只有高级灵长类动物表现出这种迹象。基于这个事实，我认为有必要对初级意识和高级意识进行区分。初级意识是从心智上知道外界事物，具有对当下的心智图景。不仅人类具有，大脑结构与我们完全不同、缺乏语义或语言能力的动物也具备。初级意识不会有任何意义上的社会性自我，因为这关系到对过去和未来的认识。高级意识则涉及对意识的意识能力，它使得思维主体能对其本身的行为和情感进行认识。它还附带有在清醒状态下重构以往情景和形成将来意向的能力。它至少需要有语义能力，即给符号赋予意义的能力。在充分发展的形式中，它需要有语言能力，即掌握完整的符号和语法系统。高级灵长类动物被认为具有少许这种能力，而人类的这种能力则得到了充分发展。不管哪种程度都需要内在的处理记号或符号的能力。具有高级意识的动物也必然具有初级意识。

　　意识有不同的层面。例如，在快速眼动（REM）睡眠期，做梦是意识状态。不过，与清醒状态相比，做梦的人一般都意识不到意识状态，不接受感官输入，也没有运动输出。而在深度或慢波睡眠期，可能会有很短的类似于梦的情景发生，但没有证据表明存在长期意识。从损伤或贫血导致的无意识状态醒来时，可能会产生迷惑和方向障碍。当然，还有意识方面的疾病，例如精神分裂症，有可能导致幻觉、妄想和方向障碍。

处于正常意识状态时，能有感质体验。"感质"一词是指对某种特征的特定体验 —— 例如，绿色感、温暖感或痛感。为了能用理论描述来帮助人们直接理解感质体验，曾经有过许多尝试。但是既然只有具有身体和大脑的个体才能体验感质，因此这种描述是不可能的。感质是组成意识的高级辨识力。重要的是要认识到感质的差别来自部分神经系统的连接和行为的差别。另外还要认识到感质总是作为整体和综合的意识场景的一部分被体验。事实上，所有的意识事件都涉及感质的综合。一般来说，不可能体验隔离的单个感质 —— 比如"红色"。

后面我将详细阐明一点，感质反映了意识个体进行高级识别的能力。这样一种能力是如何反映出伴随意识体验的神经状态的效能的呢？假设一只具有初级意识的动物在丛林里。它听到一阵低沉的咆哮声，与此同时有风袭来，光线变暗。它迅速跑开，跑到一个安全的地方。物理学家可能无法发现这些事件之间有必然的因果关联。但是对于具有初级意识的动物来说，这样一组同时发生的事件可能会伴随着以前的经验，其中包括老虎的出现。意识让动物以前的意识体验能与当前场景整合，而不管有没有老虎，这种整合能力都具有生存价值。没有初级意识的动物也可能产生有意识动物具有的一些个别反应，甚至有可能生存。但平均来说，生存的概率会更低 —— 在相同环境下，与有意识动物比起来，根据以前和当前事件进行识别和计划的能力会更差。

在后面的章节中，我会尝试解释作为大脑动力学和经验产物的意识场景和感质是如何出现的。不过在此之前，有必要了解一下意识特性的科学解释能做什么和不能做什么。这个问题牵涉到所谓的解释鸿沟，指的是大脑物质结构与感知体验之间的惊人差距。神经元的激发，不管多复杂，是如何产生出感觉、感质、思想和情感的呢？一些学者认为两者之间差别巨大，不可调和。对意识的科学阐释的主要任务就是对两者的关系给出合理解释，从而让一方可以从另一方的角度进行理解。

这样一种解释做不到也无需做的是，复制或创造出某种特定感质或体验状态。科学不做这个 —— 打个比方，假设某位科学天才，通过研究流体力学和气象学，得出了解释飓风这类复杂事件的强大理论。用复杂的计算机模型实现后，这个理论可以用来解释飓风的产生。不仅如此，借助计算机模型，科学家甚至能预测飓风的发生和特征。那么一个生活在温和气候从没见过飓风的人，仅凭这个理论，就能指望体验飓风的感觉，甚至身上都被打湿吗？这个理论能让我们理解飓风是如何产生的，产生的条件是什么，却不能创造出对飓风的体验。同样，基于脑的意识理论能够对意识的特性进行合理解释，却不会"仅凭借描述"产生出感质来。

要发展适当的意识理论，人们必须充分理解大脑的运作原理，理解意识中的各种现象，例如感知和记忆。如果这些现象可以被因果关联起来，人们就可以尝试用实验验证他们对于意识的推断。这意味着人们必须寻找神经与意识的关联。在处理这些问题之前，我们首先来了解一下大脑。

第 3 章
大脑组成

　　人类大脑是宇宙中已知的最复杂的事物。我已经说过，大脑中的特定过程提供了意识背后所必需的机制。过去几十年中，已经发现了许多这样的过程。脑科学家已经描绘出大脑中惊人的层次结构，从分子到神经元（大脑中携带信息的细胞），到整个区域，都对行为有影响。我们只介绍对我们的探讨所必需的大脑特性，不涉及太多细节。不过，为了给意识的生物学理论提供基础，我们还是需要考虑大脑结构和动力学的相当基础的信息。在此过程中需要读者有一点耐心。一旦我们理解了大脑的工作原理，将大有裨益。

　　这个对大脑的简要概述将依次包括，大脑区域的整体介绍，关于脑区连接性的一些概念，神经元及其连接 —— 突触 —— 的活动，以及神经元活动涉及的一点化学知识。所有这些对于一系列重要问题和原理都是必需的：大脑是计算机吗？它是如何发育成形的？它的处理有多复杂？大脑是否存在由进化选择出来的独一无二的新的组织原则？大脑哪些部分对于意识的涌现是必需的和充分的？在探讨这些问题时，我将用人类大脑作为主要参考。当然，人类大脑与动物的脑有许多相似之处，必要的时候我会介绍这些相似和不同之处。

人类大脑重约1.5千克。它最突出的特征就是覆盖着一层褶皱结构，称为大脑皮质，在大脑的图像中显而易见（图1）。如果将大脑皮质展开（让脑回、隆起、沟和裂隙消失），大小和厚度与一张大的餐布相当。大脑皮质至少有300亿个神经细胞，以及1000万亿条连接或突触。如果你从现在开始每秒数1个突触，你将需要3200万年才能数完。

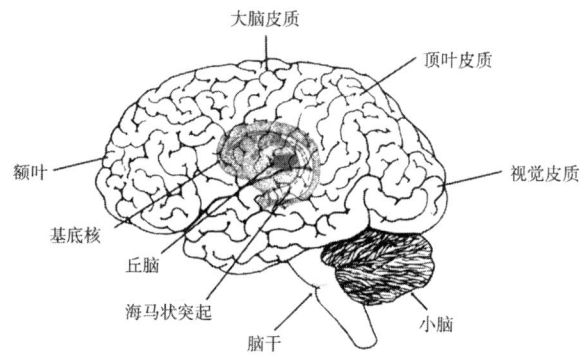

图1　人类大脑主要组成部分的大致分布。有大约300亿个神经元的大脑皮质从丘脑接收和反馈信号；这就是所谓的丘脑皮质系统。皮质下面是三个主要的皮质附属物——基底核、海马体和小脑。再往下是大脑在进化过程中最古老的部分——脑干——其中有一些连接范围很广的价值系统

在大脑皮质中，神经元相互连接，形成浓密的网络；它们通过被称为白质的纤维束长距离通信。皮质本身为六层结构，各层都有不同的连接模式。皮质分为多个区域，各自处理不同的感知方式，例如听觉、触觉和视觉。还有负责运动功能的皮质区域，其中的活动控制我们的肌肉。除了连接输入输出的感知运动区域，还有额叶、顶叶、颞皮质等区域，它们不与外界直接连接，只与大脑的其他区域相连。

在介绍大脑其他部分之前，我简要描述一下神经元和突触的结构和功能。各种神经元形态各异，大脑中大约有200种神经元。神经

元的细胞体直径大约30微米，也就是约0.01英寸（图2）。神经元一般都有极性，有一丛树状的延伸，称为树突，以及一条特别长的延伸，称为轴突，轴突通过突触连接到其他神经元。突触将所谓的突触前神经元（通过突触发送信号的神经元）和突触后神经元（接受信号的神经元）连接起来。突触的突触前部分有一组特殊的小囊泡，其中含有神经递质。神经元具有膜的特征，能够携带电荷，一旦神经元受到刺激，就会打开细胞膜上的通道，产生电流。这样就会产生所谓的动作电位，从细胞体开始沿着突触前的轴突传递，导致囊泡向突触间隙释放神经递质分子。这些分子与突触后细胞的分子受体或通道结合，不断累积，导致其被激发，产生它自己的动作电位。这样，通过受控的电和化学事件相结合，形成了神经元的通信。

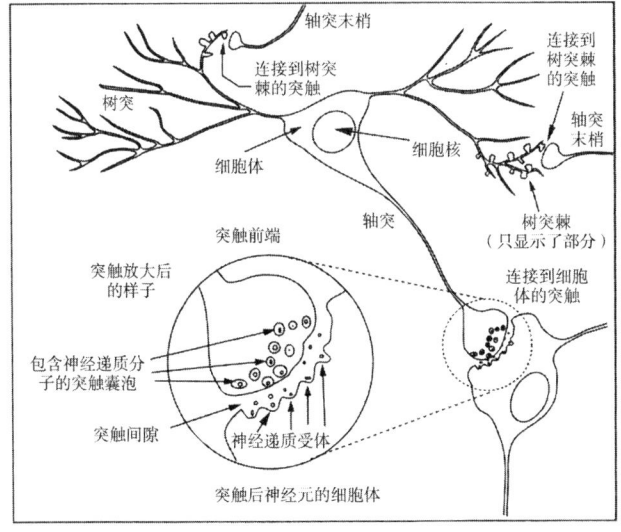

图2　神经元之间的突触连接。突触前神经元的轴突传递的动作电位导致神经递质被释放到突触间隙。递质分子会与突触后膜的受体结合，从而改变突触后神经元释放其动作电位的可能性。特定的动作序列会加强或削弱突触，改变其传递能力（神经元具有各种各样的形状和种类，这幅图作了很大简化。）

现在想象一下大量神经元在大脑各区域中不断激发。一些激发是同步的，一些则不同步。不同脑区具有不同的神经递质和化学素，其特性决定神经元激发的时间、幅度和顺序。为了实现健康大脑中复杂的动态行为模式，一些神经元是抑制型的，可以压制其他兴奋型神经元的激发。大部分兴奋型神经元使用谷氨酸作为神经递质，抑制型神经元则使用GABA（γ－氨基酪酸，Gamma-aminobutyric acid）。我们可以忽略化学细节，只需知道不同化学分子结构的作用不同，它们的分布和产生率对神经元活动有重要作用。

我们从描绘大脑皮质开始。了解了具有极性的神经元之后，我们可以开始来了解大脑其他关键区域。对于了解意识的起源有一个极为重要的生理结构就是丘脑。丘脑位于大脑的中心，虽然只比你的大拇指前端的指骨大一点，对于意识功能却很关键。神经从各种感受器（位于你的眼睛、耳朵、皮肤等处）进入大脑时，都会连接到丘脑上被称为丘脑核的一簇特殊的神经元。然后由各丘脑核的突触后神经元通过轴突传送到皮质的特定区域。有一个被详细研究过的例子，视网膜神经元通过视神经投射到丘脑中称为外侧膝状体核的部分，然后再投射到名为V1的初级视皮质区域。

丘脑和皮质之间的大量连接有一个很醒目的特点：不仅存在从丘脑神经元投射到皮质的轴突，也存在从皮质返回到丘脑的轴突。我们可以分别称之为丘脑皮质投射和皮质丘脑投射。往返连接在皮质内部也存在，这种往返连接称为皮质间带。一个明显例子就是名为胼胝体的纤维束，它连接了两个皮质半球，有超过200万条往返轴突。将胼胝体切除会导致裂脑综合征，有时候会让人吃惊地出现两个截然不同的意识。

丘脑核有很多，相互并不直接相连。丘脑外面包围着一层名为网状核的结构，网状核连接到特定的核并抑制它们的活动。据推测，网状核是特异性丘脑核群（specific thalamic nuclei）活动的开关或"门"，产生视觉、听觉、触觉等感官的不同表达模式。还有一组丘脑核称为髓板内核，接收来自脑干中的特定下层结构的连接，关系到多种神经元的激活；然后这些核投射到皮质的各个不同区域。髓板内核的活动很可能对于意识很重要，因为它为皮质响应设定适当的阈值或水平 —— 阈值太高，意识就会消失。

现在我们来看看其他一些对理解意识的神经基础也很重要的脑结构。大的皮质下区域包括海马体、基底核和小脑。海马体是很古老的皮质结构，看上去就像一对蜷缩的香肠，位于颞叶皮质的内侧，左右各一个。从侧面看去就像一只海马，因此而得名。对海马体神经特性的研究，为记忆的一些突触机制提供了重要的例证。其中一个机制（并不等同于记忆本身）就是在特定的神经刺激模式下海马体突触强度的变化。这种变化可能有利于长时程增强，也可能减少长时程抑制，从而一些神经通道被动态地选择出来。

需要强调的是，虽然突触变化对记忆很重要，但记忆是一个系统属性，还依赖于具体的神经生理连接。

通路上突触的增强会让通路导通的可能性变大，而突触的削弱则会减少这种可能性。决定这些变化的突触规则最初是由心理学家赫布（Donald Hebb）和经济学家哈耶克（Friedrich von Hayek）提出的，哈耶克年轻时对大脑运作机制有过很多思考，后来又发现了各种模式。学者们认为，突触前后神经元如果激发时间接近，突触就会增强。在神经系统的各个部分已经发现了这条基本规则的各种变体。在海马体这些规则被深入地进行了研究，尤其惊人的是，如果将两边的海马体去掉，会导致失去情景记忆 —— 对生活中特定情节或经验的记忆。有一个非常著名的病人，M先生因为癫痫发作海马体被切除，导致他不能将短程记忆转化成永久性情景记忆，电影《记忆碎片》（Memento）描绘了这种情形。有观点认为长程记忆是通过加强海马体与皮质之间的特定突触连接而形成的。一旦这些连接受损，就无法产生相应的皮质突触变化，长期的情景记忆能力就会失去。这种病人能记住当时的情景，但过后不会有长程记忆。奇怪的是，对于一些动物，例如松鼠，海马体对于方位感的记忆是必需的。一旦失去海马体，这些动物就会不记得曾经探索过的目标区域。

迄今为止所有的讨论都集中于感知或认知功能。但后面我们会看到，大脑的运动功能不仅负责运动的调节，对于图像和概念的形成也很重要。一个重要的输出区是初级运动皮质，它通过脊椎神经向肌肉发送信号。皮质中还有许多其他的运动区，丘脑中也有核关联到运动区。另一个与运动功能有关的结构是小脑，位于皮质底部和脑干上部突起的一团（图1）。小脑可能负责动作和动作感知的协调同步。但是没有证据表明小脑直接参与了意识活动。

基底核对于运动控制和顺序动作也很重要。其核中特定结构的病变会导致失去神经递质多巴胺，从而导致帕金森综合征。患了这种

病的人会不停颤抖、动作困难、僵硬，甚至出现某种精神症状。如图 1
所示，基底神经节位于大脑中央，通过丘脑连接到皮质。其中的神经
连接与皮质中的极为不同，由连接各神经中枢的相继的突触或多突
触环路组成。在大部分区域，皮质本身和皮质丘脑之间的往返连接模
式在基底神经节中见不到。此外，基底神经节中大部分活动是依靠用
GABA 作为神经递质的抑制型神经元。不过，由于这些环路中存在对
抑制的抑制（或反抑制），因此它们既能抑制也能激励目标神经元。

　　基底核被认为与运动模式的启动和控制有关。程序记忆（例如记
住如何骑自行车）和其他非意识学习活动也有可能是依赖于基底核的
功能。后面我们会看到，基底核的控制功能对于形成经验感知分类也
很重要。

　　在大脑活动中还有一组结构对于学习和意识的维持很重要。它们
是上行系统，我和我的同事称之为价值系统，因为它们的活动与对于
生存必要的奖惩和响应有关。它们各自有不同的神经递质，以一种扩
散的模式从各自的核向神经系统发出轴突。这些核包括：蓝斑，位于
脑干中数量相对较少的一些神经元，释放去甲肾上腺素；中缝核，释
放血清素；各种胆碱能核，因释放乙酰胆素而得名；多巴胺核，释放
多巴胺；以及组胺系统，位于名为下丘脑的皮质下区，下丘脑对许多
重要的身体功能都有影响。

　　这些价值系统特性鲜明，通过扩散性投射，它们就像喷洒的水龙
头一样将神经递质同时释放到一大片神经元。这样这些系统就可以影
响价值系统轴突附近神经元接收谷氨酸输入后激发的可能性。这些系

统对神经元响应的调节影响到对生存很必要的学习、记忆和身体控制响应。这也就是为什么它们被称为价值系统。另外，大脑中还有用神经肽作为媒介的模块功能区域。其中一个例子是脑啡肽，这是一种调节疼痛反应的内源性类鸦片活性肽（opioid）。另外还有一些脑区与情感反应有关，例如杏仁核负责恐惧感。就本书的目的而言，这些区域不用详细了解。

总结一下，我们可以说，总体上，大脑有3个主要的神经生理结构（图3）。首先是丘脑皮质系统，通过丰富的往返连接将本地和远程的神经元群紧密连接到一起。其次是基底核抑制回路的多突触环状结构。再就是不同价值系统的扩散性上行投射。当然，这只是大致的简要概括，没有涉及神经回路的大量细节和个体特征。但是我们将看到，这是一个有用的简化，一旦我们明白了它的用处，就会认同它。

我画的图极为简略，远远不能表现出大脑神经结构的惊人复杂动力学。看过了图1的脑区草图，理解了图2绘制的突触，现在请你闭上眼，想象一下不计其数的通路中神经元如繁星般激发的场景。一些神经元的活动频率固定，另一些则表现出频率变化。本身的活动以及来自环境和大脑的信号会导致突触强度的变化，从而影响到通路的选择。我不能要求读者能精确地想象出天文数字般的神经元的活动细节，不过这样也许会让你对大脑的复杂性有更深的理解。

现在我们可以来看看本章开始提出的几个问题。思考一下大脑是不是一台计算机。如果我们审视一下动物发育过程中神经通路的建立，就会明白这不太可能。大脑从胚胎中名为神经管的区域发育而来。祖

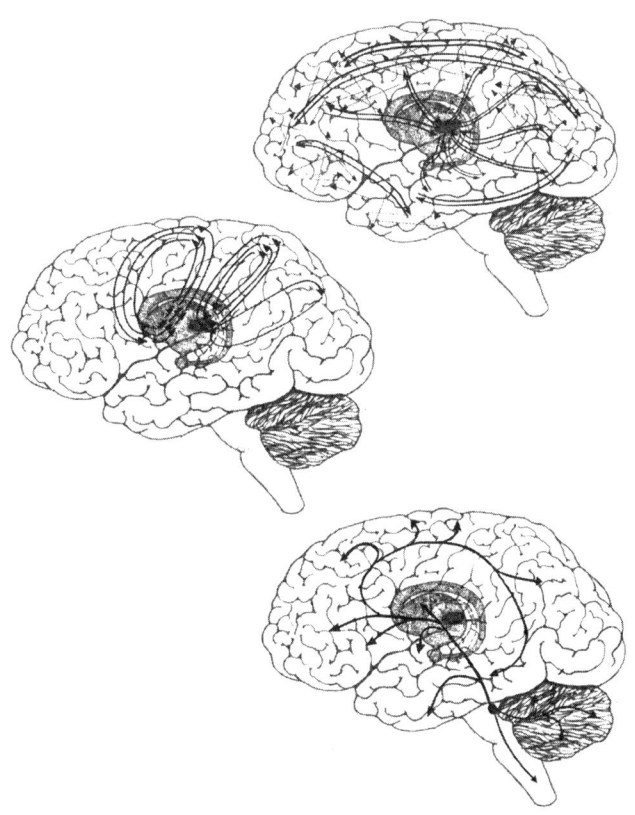

图3　大脑中3类神经生理系统的基本结构。上图展现了丘脑皮质系统的大致拓扑，在皮质和丘脑之间以及不同皮质之间的往返连接组成的稠密网络。中图显示了连接皮质与基底核等下皮质结构的多突触环路。这些环从基底核延伸到丘脑，然后又延伸到皮质，再又从目标皮质返回到基底核。这些环路一般来说都不是往返式的。下图显示的是价值系统的扩散投射，图中从蓝斑（locus coeruleus）发出的"毛发网"状轴突散布到整个大脑。一旦蓝斑被激发，这些轴突就会释放出神经调节素去甲肾上腺素（noradrenaline）

细胞（神经元细胞和神经胶质细胞的前体细胞）进入特定的模式，产生出各种层次和特征。随着它们分化成各种神经细胞，也在不断死去。神经生理从最开始的时候，细胞活动和细胞死亡的统计就有很多变化。

结果是，任何两个个体，即便是同卵双胞胎，生理特征都会不一样。

在发育的最早阶段，物种的细胞组织特性是由 Hox 基因和 Pax 基因等基因家族控制。但是，到了一定时间以后，神经连接的控制和命运就变成后天形成了；也就是说，它不再是事先就确定好的，而是受神经的活动特征引导。一起激发的神经元会连接到一起。而在更早的阶段，虽然神经生理结构是由模式化的细胞活动和预先确定的细胞死亡决定，各个神经元的活动和死亡在统计上仍然是可变和随机的。在后来的阶段，特定神经元的相互连接也是这样。结果就是不变性和变化导致了高度个性化的神经网络。计算机是不可能这样的，它必须根据事先编好的程序执行算法，不能有连接错误。

还有更明确的理由反驳大脑运转等同于数字计算机的思想。后面我们会看到，高级脑功能的运作才是计算机的致命弱点。不过在此之前，我们先了解一下大脑复杂性的其他方面，以及其与大脑结构和功能的关系。

回顾一下前面介绍的大脑总体布局，人们可能会倾向于认为大脑功能的关键是模块性。例如，有专门针对视觉的区域（甚至针对颜色、运动和方向），类似的还有针对听觉和触觉的，因此我们可能会认为特定的大脑活动主要是由各个部分或模块专业化的功能组成的。如果推进到更高的层面，这种简单的思想会导致颅相学，这种局部分隔大脑功能的观点最初是由高尔（Franz Joseph Gall）提出的。现在我们知道这种模块性是不正确的。另一种认为大脑作为整体运作的观点（整体论）也是站不住脚的。

　　模块性思想是基于对大脑部位切除后的影响的过于简单的解读，这类手术可能是动物实验，也可能是因为受伤，或是治疗癫痫。例如，切除皮质区 V1 会导致失明。但这并不意味着视觉就是由 V1 负责，V1 只是组成视觉通道的一系列皮质区的第一个环节。类似的，虽然现代影像技术揭示出大脑特定的区域在执行某种任务时很活跃，也并不能就此得出这些区域是特定行为的唯一源头。必要并不等于充分。但是另一个极端，整体论观点也是不可取的 —— 必须同时考虑到大脑活动的整合性和区域性。这是我们提出全脑理论时的一个主要任务。后面我们会看到，如果考虑大脑功能分隔的区域以复杂却又整体的方式连接成一个复杂系统，区域论者和整体论者之间长期的争论就会平息。这种整合是意识涌现的关键。

　　这个推论对于理解大脑功能和意识的关系很关键。当然，有些脑区如果受损或被切除，会导致意识永久丧失。其中一个区域就是中脑网状结构（midbrain reticular formation）。还有一个区域是包含层内核（intralaminar nuclei）的丘脑。但是意识并不位于这些区域。意识作为一个过程，需要它们的参与，但解释意识的詹姆士特性需要一种更加动态的思想，涉及多个脑区活动的整合。现在我们已经可以为这个设想打下基础，提出一种全脑理论，来解释这个最复杂的器官的进化、发育和功能。

第 4 章
神经达尔文主义——全脑理论

　　有一个简单的原理决定着大脑的工作机制：大脑是进化而来的，也就是说，不是设计出来的。要这么说，这个原理似乎也太简单了，不是吗？但我们不要忘了，虽然进化没有智能，却拥有巨大的力量。这个力量来自自然选择在时间长河里、在复杂环境中的作用。达尔文的一个关键思想藏在他的群体思想的观念中：群体中各种各样的个体为了生存相互竞争，从而通过选择涌现出功能性结构和完整的生物组织。我认为无论是考虑大脑的进化，还是思考其发育和功能，这个思想都很关键。将群体思想应用于理解大脑的工作机制就会引出一个全面理论 —— 神经达尔文理论，或神经元群选择理论。

　　" 全 " 指的是什么呢？要解释意识就必然需要对感知、记忆、行为和意向的理解 —— 简而言之，对大脑运作机制的全面理解超出了某一个脑区的个别功能。考虑到意识经验的丰富性、多样性和范围广泛，还有一点也很重要，构造出的大脑理论必须不违背进化和发育的原理。原理一词意指提出的理论能描述大脑处理信息和新奇事物的运作机制的支配原则。就这一点，有一个理论或者说模型，就是认为大脑类似于计算机或图灵机的思想。这种指令性模型依赖于程序和算法，与此相对，基于群体思想（population thinking）的模型则依赖于在大量变异个体或状态中选择特定的个体或状态。这两种模型对意识的解释相去甚远。至此，应该毫不奇怪我倾向基于群体思想的选择模型。

群体思想对于确定大脑运作机制之所以重要，与每个大脑之间极大的差异有关。这一点在结构和功能的所有层面上都成立。不同个体各具不同的遗传影响、不同的发育顺序、不同的身体反应，以及不同的环境和经历。结果导致在神经化学、网络结构、突触强度、时间特性、记忆以及受价值系统支配的动机模式上产生各种各样的差异。最后，人与人之间在意识流的内容和风格上就会出现明显差异。杰出的神经科学家拉什利（Karl Lashley）讨论过个体神经系统的差异，他坦承自己还解释不了如此大的差异的存在。虽然大脑在有差异的情况下还是表现出一些普遍模式，但这些差异不能仅仅被视为噪声。差异太多，而且存在于太多的组织层面上 —— 分子、细胞和回路。进化不可能像计算机程序员那样，发明各种错误校验码来应对各种差异，以确保和维护大脑的模式。

应对神经的差异性还有另一种方法，那就是将其视为基本要素，并认为是每个大脑的个别局部差异造就了具有差异的群体。根据这个观点，就算环境变化难料，也仍有可能从具有差异的群体中进行选择，满足某些价值或适应性的要求。在进化中，适者生存，也具有更多后代。在单个大脑中，符合价值系统或奖惩系统的突触群体更有可能存续，对未来行为产生较大影响。

这种观点与大脑和心智的计算机模型构成强烈对比。根据计算机模型，环境信号带有明确的信息，一旦受到噪声污染，则用平均化等手段应对。这类模型认为大脑具有一组程序，或所谓的有效过程，它们根据输入的信息改变状态，产生具有适当作用的输出。这类模型都是指令性的，外部世界的信息被认为能通过逻辑演绎形成适当的响应。但是这些模型却无法回避一个事实，那就是大脑的输入并非是清晰明确的——世界并不像一条磁带，具有明确的符号序列可以让大脑接收。前面还提到，真实大脑中丰富多变的回路对大脑的计算机模型也形成挑战。

还有一组关于功能的问题让计算机模型难以成立。例如，手部的触觉通过丘脑到达体感皮质区的映射连接是可变的，具有可塑性，即便是成人也是这样。与手指对应的体感皮质次级分区，即使只有一根手指频繁使用，其边界也会随之发生变化——依据使用情境产生的变化。

类似的这种反映出依情景变化和动态回路变化的现象在其他感官也存在。此外，在视觉等感知系统中还有功能分化的多重皮质区，分别负责颜色、运动、方向，等等。这些专业化的功能区域的数量可能超过30个，分布在整个大脑中。然而却并不存在负责将物体的颜色、边缘、形状和运动结合到一起的上级区域或执行程序。这种结合无法用基于人工智能的视觉处理程序调用来解释。然而一致的感知仍然从各种情境中涌现出来，所谓的捆绑问题（binding problem）就是试图对此进行解释。全脑理论必须提出适当的机制来为这个问题给出让人信服的答案。很快我们就会了解，这个答案是我们对意识的理解的核心。

为了凸显感知对情境的依赖，我们也许可以借助于错觉、视觉等现象学的庞大知识。一个例子是卡尼沙图案（Kanizsa pattern），图案由一个三角形的尖角部分组成，互不相连，看上去却好像有个边界清晰的三角形叠在上面（图4）。然而实际上边的两侧并无亮度差别。这个轮廓是种"错觉"，是大脑建构了这个轮廓，另外不一定非得是直线，曲线也可以，取决于具体使用的图形情境。

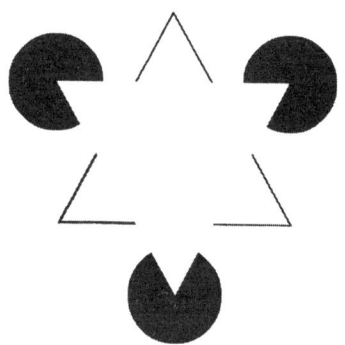

图4　卡尼沙三角轮廓错觉。大部分人都觉得看到了明显的三角形，三角形内部显得要亮一些，但这些在实际图像中并不存在

具有感知的动物还有许多功能性响应也可以用来说明"用先验的程序"为什么无法解释生理或心理特性。我只另举两个例子。首先是大脑有种惊人的倾向，总是寻求完形，避免空白。例如，由于视网膜中心部位有视神经通过，所以视野中有个盲点，但在平常，你看不到这个盲点。研究中风损伤等问题的神经心理学中还有更惊人的现象。这个领域中有大量完形现象的例子，有些甚至是妄想。一个奇特的例子是病感失认症，患者即使整个左边身体都瘫痪了也认识不到自己瘫痪了。在这样的例子中，我们看到受损的大脑应对皮质区损伤时异乎寻常的适应性和整合能力。

除了建构和完形，大脑表现出的概括能力也相当惊人，而这也可能与建构和完形能力有关。鸽子有种能力能说明这一点，让鸽子观看各种鱼在不同尺度和场景中的图片，并通过适当的奖惩，让鸽子学习正确识别图片之间的相似性。通过训练，鸽子能识别出各种各样的图片中有某种相似之处，正确率超过80％。这种行为基本不太可能是因为鸽子大脑中有固定模板或是预先设定的算法，而且也无法用自然选择解释鸽子对鱼的正确识别。鸽子没有和鱼一起演化，也没有生活在一起，更不吃鱼。

还可以举出很多例子，从大脑发育解剖学到人类执行相似任务时脑部扫描的个体差异。但结论很明确：高级动物的大脑自动建构出对于全新环境的响应模式。它们采用的方式与计算机不同 —— 计算机使用的是形式化规则，由明确无误的指令或输入信号掌控。再特意强调一次：大脑不是计算机，世界也不是磁带。

如果大脑确实不是计算机，世界也不是磁带，大脑又是如何运作，从而产生出适应性和响应模式呢？就像我前面所提出的，答案有赖于一种选择理论，我称之为神经元群选择理论（theory of neuronal group selection），或TNGS（图5）。这个理论有3条原理：①发育选择 —— 神经生理构造初步形成阶段，生长中的神经元之间连接模式的差异，在各个脑区产生了由几百万各式各样神经回路和神经元群组成的库藏。这些差异发生在突触层面，是在胚胎和胎儿发育阶段同时激发的神经元连接到一起造成的。②经验选择 —— 与第一个选择阶段重叠，在主要的神经生理构造完成之后，突触强度就出现正负双向的巨大差异，这是在与环境交互时输入的差异造成的。突触的变化受到前面

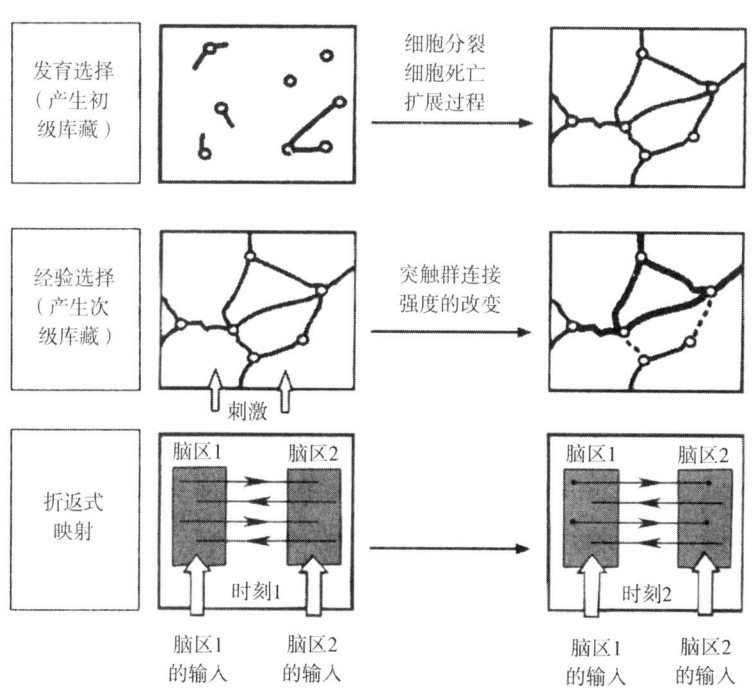

图5 神经元群选择理论，或神经达尔文主义的3条主要原理：①发育选择导致极为多样化的回路组成，图中显示其中一例。②经验选择导致突触连接强度的变化，一些通路被加强（变粗的黑线），一些被削弱（虚线）。③折返式映射，脑区通过交互连接不断往返传递信号实现在空间和时间上的协调。右侧图中的黑点表示强化的突触。通过①和②产生出大量的回路和功能通路，形成了选择事件的库藏。此后不断进行的第③项往返事件应当视为动态的和递归性的，逐渐映射出脑区连接

章节中介绍过的价值系统的制约。③折返式映射 —— 在发育过程中，建立起了大量局部和长程的相互连接。脑区之间通过这些神经纤维相互传递信号。折返不断并行往返交换信号，从而可以让不同脑区的活动在时间和空间上协调。与反馈不同，折返式连接不是通过简单的闭环传递误差信号。事实上，它同时涉及多路并行交互通路，而且也没有预先设定的误差函数。

这种动态过程产生的后果就是广泛分布的神经元群活动的普遍同步。这将它们功能分隔的活动结合起来，从而能产生一致的输出。这里不存在什么逻辑（这是作为指令系统的计算机的组织原则），折返式连接作为核心组织原则主导了大脑多重选择网络的时空协调，从而解决了前面提到的捆绑问题。以视觉为例，视觉对象的颜色、方向和运动就能通过折返式连接整合到一起了。各个功能分化的脑区针对各种属性的活动就能互相结合，不需要什么上级脑区来协调。它们是通过折返式连接相互直接通信来协调。

TNGS的3条原理一起组成了一个选择系统。选择系统的典型例子包括进化、免疫系统和复杂神经系统，全都遵循3条指导原理。第一条原理给出在组分群体中产生多样性的方式，无论是个体还是细胞。第二条是允许让差异群体或库藏与要识别的系统进行广泛的接触，这个系统有可能是生态环境，或是外来抗原，或是一组感知信号。第三条原理是对多样性库藏中满足选择条件的组分的数量、存活或作用进行差别放大的某种方式。在进化中，是适应性条件产生特定个体的生存和繁殖的差异——也就是自然选择过程本身。在免疫系统中，是通过对特定免疫细胞的复制来实现差别放大，这些细胞的表面具有能与特定外来分子或抗原结合的抗体，结合能超过了某个阈值。在神经系统中，是通过增强符合价值系统标准的神经元群的突触和回路来实现差别放大。被选择的不是个别神经元，而是特定模式中由兴奋型和抑制型神经元组成的神经元群。

要注意到虽然这三个不同的选择系统都遵循相似的原则，它们却使用了不同的机制来实现对各种无法预见的输入的成功匹配。当然，进化的地位要特殊一些，因为免疫系统和神经系统所使用的机制也是由进化负责选择。那些能够成功利用这些机制，以提高自身适应性和产生更多后代的个体更受进化青睐。

自从1978年TNGS提出以来，有越来越多的证据表明，在高级大脑中，由折返式互动连接起来的神经元群就是选择单元。这些证据出现在大量书籍和论文中，在这里不再讨论。不过我会选择一些对于理解意识背后的机制特别重要的该理论的推论进行探讨。

其中一项重要推论是大脑的反应之所以如此多样化，是因为这些反应具有简并性。简并性（Degeneracy）是指某个系统中结构不同的组分能够执行相同的功能或产生相同的输出。一个明确的例子是遗传编码。编码由核苷酸碱基三元组组成，碱基有四种：G、C、A和T。每个三元组或密码子对应氨基酸的一种，氨基酸有20种，是蛋白质的组成要素。由于密码子有64种 —— 如果排除3个终止密码子（stop codon），实际上是61种 —— 这样一种氨基酸必然有不止一种密码子与之对应，密码子具有简并性。例如，许多三元组密码子的第3个位置可以是任何字母或碱基，不会改变编码的针对性。如果用300个密码子的序列标识一种蛋白质的100个氨基酸序列，则同一个氨基酸序列可以由大量不同的碱基序列信息来界定（约为3^{100}种）。虽然在核苷酸层面上的结构不同，这些简并信息却会产生相同的蛋白质。

简并性是相当普遍的生物属性。不仅遗传层面上，而且在细胞、有机体和种群层面上它都具有一定程度的复杂性。事实上，简并性对于自然选择的运作是必需的，它也是免疫反应的重要特征。举个例子，即便是对外来抗原有相似免疫反应的同卵双胞胎，一般也不会产生完全一样的抗体组合来对抗该抗原。这是因为有许多结构不同的抗体都具有类似的针对性，可以在对特定抗原的免疫反应中被选择。

简并性对于解决复杂神经系统的几项主要问题特别重要。例如捆绑问题。大脑中有33个功能分化的视觉皮质，分布广泛，不存在上级皮质，也没有计算机程序或是执行功能，却能将边缘、方向、颜色和运动结合到一起，产生出一致的感知图像，这是如何做到的呢？针对颜色、方向、物体运动等特征的不同脑区是如何将它们的反应协调一致的？答案就在于相互的折返式连接，将各区域的多个神经元群连接到一起形成功能性回路。仿真结果表明，这种回路中的神经元彼此之间或多或少都能同相或同步激发。不过到了下一个时间周期，不同的神经元或神经元群又有可能形成结构不同的回路，但仍然有同样的输出。然后，在后面的时间周期，同样的一些神经元又会形成新的回路，或是用其他神经元群组成全新的回路。这些不同的回路是简并性的——它们结构不同，但是会产生相似的输出来解决捆绑问题（图6）。

在每个具体的回路中，不同神经元群同步激发。不过产生同样输出的不同回路之间却不是同步或同相的，这也没有必要。通过折返式连接得到的同步性和一致性使得多种结构可以给出相似的输出。随着这样的简并操作相继发生，分散的神经元群被连接到一起，也就不再像计算机那样需要一个上级程序。

TNGS这样的全脑理论尽管对于理解大脑如何运作很重要，却还是没有解决大脑各区域和核团内部网络运作的所有细节机制问题。但

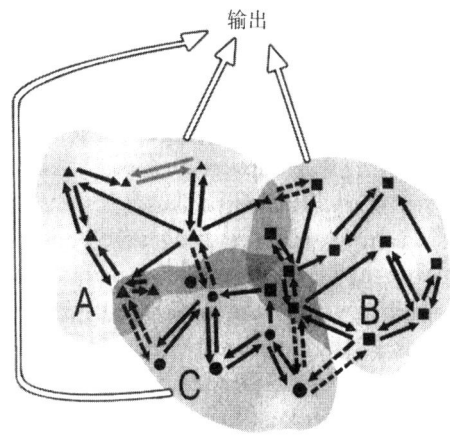

输出：时间点 *t*　　 *C*
　　　 时间点 *t*+1　 *A*
　　　 时间点 *t*+2　 *B*

图 6　图示大脑中折返式回路的简并性。虽然图中阴影表示的 A、B、C 三个重叠
回路各不相同，在一些时间周期却能产生相似的输出

它的确解决了将大脑运作比喻成计算机所引出的悖论。其中一个悖论认为，有一个具有指定范畴功能的细胞控制着连接到它的所有下级神经元的功能——例如，在你想到某个人时会激发的细胞，也就是所谓的祖母细胞。这种细胞在全脑理论中不是必要的。不同细胞可以执行同样的功能，同一个细胞在不同时间里也可以在不同神经元群中执行不同的功能。而且，有了大脑高级互动的选择特性，人们不再需要用大脑中的小矮人来解释感知的意义。正如达尔文的自然选择理论推翻了设计论，TNGS 也免除了对头脑中的固定指令计划和小矮人的需要。

这些问题直接关系到我的下一个任务，说明怎样用 TNGS 的原理和机制来理解意识的起源。

第 5 章
意识的机制

　　基本上我都假设意识过程来自大脑运作。我必须证明进化进程中有可能出现这种事件，可以将先前进化出的能力与作为自然选择产物涌现出的新结构和功能特性联系起来。要做到这一点，我必须剖析一些必要的成分，看看它们的互动如何引出初级意识 —— 通过辨识异同来构建场景的能力。因此，在给出意识的机制之前，我要先考虑对于这些机制的运作很关键的大脑过程。

　　高级大脑最基本的一个能力就是辨识感知分类 —— 也就是"理解"这个世界。这项能力使得动物能够将来自身体和环境的信号组织成序列，进而产生适应性行为。例如，我们不断从房间中并行获取各种视觉信号，并将信号分类成一致而稳定的物体（"椅子"、"桌子"，等等）。猫也可以进行类似的分类，但会有不同的感知和运动响应（它可能会跳到我们称之为桌子的物体上去）。而蟑螂则可能会将同样的物体作为藏身之处，躲到桌子底下的阴暗角落。

　　对于哺乳动物的神经系统，感知分类是通过感知与运动系统的互动实现的，我称之为全局映射（global mapping）。全局映射是包含各种感知网络的动态结构，这些网络各具不同的功能特性，以折返的方式相互连接。然后它们又以非折返的方式连接到运动网络和小脑、基底核等皮质下系统。全局映射首先是通过运动和注意对外界信号进行取样，然后通过神经元群的折返和同步将信号分类为一致的类别范畴。由感知和运动组成的这种结构正是高级大脑感知分类的主要基础。

　　尽管感知分类是基本功能，其本身却无法对各式各样的信号复合进行概括，产生出信号的共同属性。要进行这种概括，大脑必须映射自身的活动，通过几个全局映射表示，从而产生出概念 —— 也就是得到其知觉映射的映射。例如，猫要意识到向前运动，它的神经系统可能会将其自身的活动映射为"小脑和基底核以模式 a 活动，运动前区和运动区以模式 b 活动，视觉皮质的子区则以模式 x、y 和 z 活动"。请注意，为了便于解释，我是以断言（或口头表述）的形式说明这种类化映射，但猫的大脑中的运作显然不是断言式的。大脑前额叶、顶叶和颞叶的高级皮质区很有可能是以这种方式建构，而这或许就对应着某个"一般项"，也就是向前运动的概念。任何总体映射的线性相加都得不出这种概括。事实上，要通过对高级区域的这类映射的某些特征进行抽象，才能产生类化。

　　如果缺乏记忆能力，感知分类和形成概念还是无法让动物适应环境，而且就像我们将看到的，对记忆的理解对于构建意识的理论很重要。根据 TNGS，记忆是再现或抑制特定心智或身体活动的能力。它是神经元群回路突触效能（或突触强度）改变的结果。这种改变出现之后，往往会有利于某些回路的增强，从而产生再次活动。这种增强可能不局限于唯一的途径 —— 也就是说，具有简并性。后面我们会看到，一些记忆的形成需要特定的条件，或者是突触效能相对快速的改变，或者是特定神经回路的活动时间周期至少小于1/3秒。还有一些记忆的形成则需要突触强度更慢但是更稳定的改变。

研究记忆的学者已经用有效的方式对记忆系统进行了分类。他们根据记忆的持续时间和结构划分出长期记忆、短期记忆，或是工作记忆。大脑科学家还区分出程序记忆（procedural memory）—— 运动学习和复杂行为的记忆，和情景记忆（episodic memory），事件序列或叙事序列的长期回忆能力。就像曾提到过的，情景记忆有赖于海马区和大脑皮质的交互。虽然这些分类很重要也很有用，但可能还有许多其他的记忆系统有待发现。另外，不同记忆系统之间的交互也还有很多问题需要进一步研究。

在理解记忆如何在高级大脑中运作之前，我们还必须澄清一些额外的问题。例如，尽管突触强度的改变是记忆的关键，但两者并不等同。事实上，记忆是反映情境影响和能产生相似输出的各简并回路之间的关联的系统特性。因此，各个记忆事件都是动态的，对情境敏感 —— 它产生重复的心理或身体活动，与以前相似，但并不完全一样。记忆是再分类过程，它并不完全重复最初的体验。不能因为说记忆是表征性的就认为它存储了一些行为的静态记录编码。事实上，将其视为神经元群多维网络的一种简并式非线性互动特性会更为有效。这种互动可以产生对以前的行为和事件的不完全一样的"重演"，然而人们经常会误以为是过往事件的精确重现。

有两个类比有助于澄清这一点。表征记忆就像刻在岩石上的铭文，很久以后才被重新发现和解读。非表征记忆则像气候影响导致的冰川变化，被解读为信号。在这个类比中，冰川的融化和凝结表示突触响应的改变，流出的溪水沿山脉下行表示神经通路，汇聚而成的水塘表示输出。气候变化引起的不断融化和冻结会导致顺山势下降的各条水流通路的简并现象。其中一些可能会交汇联合产生新的通路。偶尔会产生全新的池塘。然而，完全一样的动态模式却绝无可能再现，虽然山下池塘的总体变化结果——输出状态——可能相当相似。根据这种观点，记忆必然具有关联但从不完全一样。不过，通过各种约束，它们仍然能高效地产生同样的输出。

认识到有一个动态记忆系统在大脑的选择性框架中运作，这意味着它会受大脑中价值系统神经输入变化的影响。确实如此，要注意到，产生感知分类的机制——全局映射、概念形成和动态短期记忆——都有赖于全局神经系统3个主要部分的互动，第3章讲述高级大脑神经生理结构时曾讨论过这一点。3个部分分别是丘脑皮质区、与时序有关的皮质下结构（海马区、基底核和小脑）以及扩散上行价值系统。为了反映这些互动，我把中枢记忆系统称为价值范畴记忆系统，它的回忆和输出的程度和范围都由价值系统的约束决定。不具有意识的动物也具有上面这些系统，但它们缺乏产生意识的这些关键互动。事实上，这是广义的神经元群选择理论的核心（这个理论也适用于意识），所有这些系统的发展都是意识活动进化的必要前提。

现在我们可以提出关键问题：导致意识涌现的充分进化事件是什么呢？我要提出的论点是，在爬行动物到鸟类和爬行动物到哺乳动物的进化过渡时期，丘脑皮质系统中出现了新的折返式连接。皮质区域之间大量折返式连接的发展导致了感知分类的出现，额叶增大则引出了基于突触强度快速改变的价值范畴记忆。皮质折返以连接数个分散的皮质区域的重要的折返式皮质－皮质间连接为媒介。同时与丘脑的折返式连接以及丘脑核的数量也不断增加。丘脑与皮质之间的折返式连接得到增强，包括第3章介绍过的特定的丘脑核和髓板内核，而丘脑网状核则发展出了增强的抑制回路连接到特定的核。这样网状核的活动就可以对与各种感知模块相对应的特定丘脑核的活动进行把关和选择。髓板内核向皮质的大部分区域发出扩散连接，帮助同步新的丘脑皮质响应和调节多个折返系统活动的整体水平（图7）。

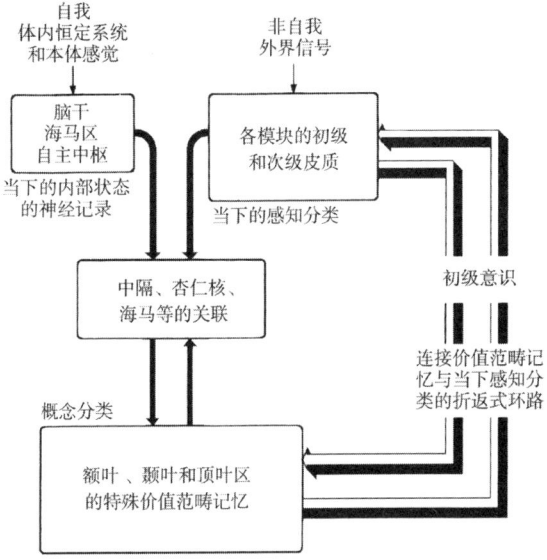

图7 折返式连接导致初级意识。两大关键信号类型 —— 来自"自我"的，包括价值系统以及大脑和身体还有感觉器官的调节部位，以及来自"非自我"的，来自外部世界，通过全局映射转换的信号。与价值有关的信号和来自外部世界的范畴信号相关联并导致记忆，从而使得概念分类成为可能。"价值范畴"以及由折返通路（加重线）连接到当前来自外部世界的感知分类信号。折返连接是重要的进化环节，导致了初级意识的出现。一旦扩展至多个模块（视觉、触觉，等等），初级意识便构成一个"场景"，由对物体和事件的响应组成，其中一些并不必然具有因果关联。尽管如此，具有初级意识的动物还是能通过之前负载有价值的经验记忆对物体和事件进行区分和关联。这种能力增加了其生存适应能力

丘脑皮质系统中的这些动态折返式交互必须视为在时间上相继发生 —— 新的感知分类首先折返性地连接到记忆系统，然后本身再成为改变后的记忆系统的一部分。一般认为，记忆和感知之间的这种循环互动会在几百毫秒到几秒的时间周期之内稳定下来 —— 詹姆士说的心理的当下（specious present），我称之为 "记忆的当下（the remembered present）"，以强调是记忆和持续的感知之间的动态互动导致了意识。

价值范畴记忆与感知分类产生动态联系的这种进化发展的后果是什么呢？就是获得建构复杂场景和对场景的组成进行辨识的能力。随着动物移动，在对周围环境进行响应时会有许多全局映射，持续的并行信号折返式地连接到各感知模块，在由物体和时间刺激产生的感知分类复合物之间产生关联。通过在价值范畴记忆 —— 反映以前的分类 —— 与类似或不同的感知分类之间的这种折返式关联构建场景的能力是初级意识涌现的基础。

最早的一些分类与来自动物身体和大脑的信号有关。这类信号来自负责调节生命器官和呼吸、饮食、荷尔蒙变化等生理功能的互动的自主和恒定系统。之所以说它们自主是因为它们不受意识控制，说它们恒定则是因为它们以平衡的方式对变化进行补偿。还有一些身体信号来自肌肉、关节和与平衡有关的系统 —— 所谓的肌肉运动知觉和本体感受系统。所有这些系统在动物的生命期间不停运转，为之提供主要的信号和感知分类参考集。这种来自 "自身" 系统的信号甚至在出生前就开始了，一直是初级意识的核心特征。构建场景的各种组成部分的凸显受记忆控制，由动物过去行为的奖惩经历调整。这种经历在情绪反应及相关的感受中扮演着关键角色。

瞬间构建出意识场景的能力正是构建记忆的当下的能力。请注意，对于动物对这种构建的反应，多个输入信号的因果或物理关联并不是必需的决定性因素。例如，我曾提到过，一只丛林中的动物听到身旁有声音靠近，光线变暗，可能会逃走，即便两者之间并没有因果关联。只要在这只动物过去的价值记忆系统中，这种同时的输入伴随着比如说老虎的出现就行了。不具有初级意识的动物在这样的环境中也许有机会存活，但却不能基于其快速变化的价值范畴记忆进行同样的辨识。最终，这样的动物的生存机会不大。相对而言，能够构建场景的动物在面对新奇而复杂的环境时会具有更强的辨识能力和选择反应的能力。其意识系统的效能和对适应性增加的可能贡献依赖于急剧增长的辨识能力。

这里概要地介绍了初级意识机制的涌现。这些都与意识是一个动态过程的观点相一致。后面还会提到，后来进化出的额外的折返式回路使得语义能力的获取成为可能，并最终导致语言的出现，从而在一些高级灵长类动物中出现了高级意识，其中就包括我们人类的祖先（可能还有许多其他猿人类）。高级意识赋予了想象未来、清晰地回想过去以及意识到意识的能力。虽然我们目前还没有讨论细节，但在讨论对于理解初级意识很重要的问题时，还是不得不一次又一次用到高级意识的例子。这是因为有了高级意识，才有可能向实验者直接描述意识体验。这样一来，实验者就能非常有把握地研究意识状态及其神经关联。除了人类，其他所有动物都无法描述意识状态，因为不具备语言。然而，根据它们的行为以及它们神经系统的类似结构和相似功能，有足够的理由相信，其他动物也具有初级意识。

因此，在某种程度上，研究和讨论的顺序必须自人类"向下"进行。但是我们决不能忘记，初级意识是基础状态，因为没有它，就不可能有高级意识。

第 6 章
比天空更宽广——感知、统一性和复杂度

我通过大脑神经生理和动态特性找寻意识的机制，似乎偏离了关系到意识体验的一些根本问题。例如，我们的神经模型如何解释意识主体的体验特性？我认为澄清这个问题最好的方式是首先强调神经机制，然后交替探讨现象问题和这些机制，来证明两方面相互一致。

意识体验的一个突出的现象特征是通常它都是一个整体。任何意识体验时刻都同时包含感知输入、运动反馈、想象、情感、瞬时记忆、身体感和外围感觉。通常情况下它都不会仅仅包含"我正用来写字的铅笔"，而且我也不可能将意识缩减成这样。然而，与此同时，统一的场景会自行流动变化为另一个复杂而统一的场景。有时候，通过自主选择或面对压力时，它会变为不着边际的白日梦，或者变为注意力的高度集中。

可以这样说，意识体验高度整合，同时又高度分化。在很短的时间内，它可以经历众多内部状态。然而，无论何时，这种似乎无止境的变化和可变性却又无法通过人对主观状态的体验分割成独立的部分。这并不是要否定意识能通过集中注意力进行调整。后面我们在思考意识与非意识活动的关系的时候再来探讨意识场景的这种集中专

注现象。

　　对丰富的内在意识状态的主观体验，必须与意识主体无法同时进行3个以上意识行为的局限性相对照 —— 例如，同时进行打字、朗诵诗歌和回答问题。这种同时执行多个任务的局限使得一些人认为意识的作用非常有限。但事实上，这种表面上的局限有可能是由于进化需要，好让运动行为和计划在完成之前不被打断。还有一些人认为，既然同时进行的意识活动最多只能"模块化"为2个或3个，这就表明意识状态的效能有局限，这种观点误解了意识状态与未来所采取工具性行动的关系。我们将会看到，意识及其底层神经机制的一项主要功能就是进行计划和预演，为此，相继内部状态的各种复杂性正是所需要的。为了进行计划，站在有利于个体的角度，也就是主体的第一人称观点的角度，我们必须能预演不同行为的不同后果。执行动作或计划时往往需要意识预演，但是通过学习，主体可以更高效地执行这些行动，而无需直接的意识监督，除非出现了新的情况。毫不奇怪，当我们试图执行两项或更多必须完成的行动时，很有可能会被意识干扰打断。

　　那么现象体验本身又如何呢？对意识主体来说它是怎么样的？他们有何感觉？"感质"一词指的是感觉体验，比如绿色感、温暖感、痛感。哲学家们认为对感质的理解是意识研究的关键。一些哲学家关注神经活动和结构与感质"感觉"之间明显的不一致。我会用一些篇幅来论述这个问题，简而言之，这里探讨的是身为某物种的意识个体是什么感觉 —— 就像哲学家托马斯·内格尔（Thomas Nagel）说的，"身为一只蝙蝠是什么感觉？"

　　讨论这个问题之前，还要处理一些附带问题。第一个问题涉及一个观念，即科学观测者所测量和理解的神经活动完全不具有我们赋予感质的任何特性。记得我们说过感质意识体验是某种过程。其动态结构与其属性毫无类似之处，包括意识属性也是一样：一场爆炸与一堆炸药并不相似。第二个问题涉及主观性和第一人称观点。意识是一种过程，与个体的身体和大脑以及它们的历史都有关系。从外界的角度来看，第一人称体验并不像可转让的货币那样，可以完全流转到第三人称的科学观察者。不过可以合理地假定，特定物种的个体的第一人称体验具有一些共通之处。这也就是为什么，作为人的我可以在一定程度上猜测作为人的你可能是什么感觉，而另一方面，我们又很难设想身为蝙蝠是何感觉。

　　稍后我会深入阐释我们的初级意识模型，并尝试用其来描述身为一只蝙蝠可能是何感觉。不过首先最好指出一点，我们已经掌握大量神经科学证据，说明为何不同感质会带来不同感觉。视觉神经的构造和动力学基础不同于嗅觉，触觉和听觉也不一样，其他官能同样如此。对于这些通路和感官活动，无论怎样的科学描述，都无法描绘出读者大脑中具体的感质，尽管如此，如果我们假定他们的神经系统功能健全，他们就能将这样的描述与第一人称体验联系到一起。无论某种感官是以哪种结构为基础，都可以与其他感质区分开。或者可以说："如果不是这种方式，就是那种方式。"感质需要有一个具体的身体和一个具体的大脑处于一个具体的环境中才能产生，不过这并不十分妨碍我们对不同感质的来源进行总体分析。

　　根据广义神经元群选择理论，感质是在复杂场景中的高级辨识。

意识场景体验是统一的，这意味着所有意识体验都是感质。根据这种观点，感质可以划分为单一、狭隘的感觉，例如红色、温暖，等等，这样做虽然可行，也可以用语言来描述，却没有充分认识到其中涉及的辨识能力。举个例子，作为科学家，我们可以用各种定义特征描述颜色体验，例如视网膜三种色素的频谱特征，以及某个视觉系统的神经响应。然后我们可以将所体验的特定色彩的不同特征绘制成三维空间中的点。但除非我们身处较高维空间，其他各种感质也在其中描绘成图，从而展现其互异特性，否则我们又怎么知道这些色彩感质就是实际色彩的原貌呢？以冷热感为例，在一幅统一的场景中，意识却能在色彩等无数感质中辨识出冷热的细微差别，这也正是意识辨识与比如说恒温器的冷热分辨的不同之处。要产生意识，就要能够在多维度辨识或区分的基础上做出这种判断。

　　不同意识状态的丰富性与各状态的统一性初看似乎矛盾，不过只要对产生这些特性的神经系统的组织给出让人满意的解释，就能证明它们并不矛盾。这也正是在复杂系统中发现的特征，因此我会先对复杂系统的特征进行简要介绍。复杂系统是由各种较小部件构成的系统，各部分有可能功能不同。随着这些不同的部分以各种方式交互组合，往往会出现更加整合的系统特征。我和我的同事们对这类系统给出过形式化描述。这里我会给出一个定性解释，我相信这对于我们的目的已经足够了。刻画复杂系统的术语和数学度量借用自统计信息论，但我们的分析并不以这个理论为前提。这些术语包括"独立性（independence）""熵（entropy）""互信息（mutual information）"和"整合性（integration）"。对于它们的使用我会给出一些例子，可以解释清楚它们的意义，又不用涉及数学细节。我的目标是说明复杂系统统如何表现出其组成部分的整合，同时又具有由各部分组合成的各种不同状态。

首先来看看两个非复杂系统的极端例子（图8）。粒子随机弹性碰撞的理想气体就不是复杂系统。粒子之间相互独立（互不粘连），碰撞时也不会有信息的交互增减（"互信息"）。另一个极端，完美的晶体也不复杂。其完美的规律性表现出高度的整合性和单元之间的互信息。一旦我们知道了所谓的空间群和晶体的任一个单元的组成，其他任何单元就不会再给我们新的信息。

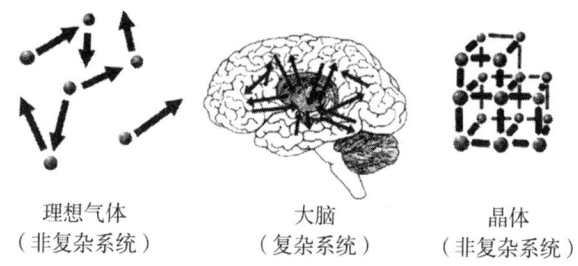

理想气体
（非复杂系统）

大脑
（复杂系统）

晶体
（非复杂系统）

图8 大脑与复杂度极低的两种系统（理想气体和完美晶体）的比较。大脑是复杂系统，由构造互异并且功能不同的各部分组成，这些部分的体积较小，彼此也相对独立。大脑各部分通过各种神经生理结构连接在一起，通过这种生理结构的功能性连接，产生的大量状态就会被整合起来。就气体而言，这种整合不会出现，而晶体虽然高度整合，却又没什么变化

现在再来看看复杂系统。这种系统怎么可能既是整合的同时又是分化的呢？我们可以用所谓的信息熵来量度系统的整合度。如果要将一个系统从所有"组分"相同（只从"组分"出现的相对概率来考虑）的类似系统中分辨出来，需要一定的信息量，这个量就是信息熵。整合度就是系统各部分的熵的总和减去系统作为整体时的熵。对于理想气体，这个差值为零——将分开的气体合到一起并不会增加任何新

的信息。但如果系统的各部分之间互动，并共享互信息（晶体中就是这样），系统的熵就会低于各部分熵的总和，整合度为正值。对于完美的晶体，这个值没有上限。

　　现在可以用一种更精确的方式来刻画复杂系统并将其应用到神经系统了。与完美晶体这类完全整合的系统不同，如果考虑复杂系统越来越细分的组成部分，就会发现它们偏离了整体的线性依存关系，展现出更多独立性。而如果从另一个方向考虑这些互动部分组成的子集，随着子集越来越大，就会越来越接近完全整合的系统。这正是在大脑的互动网络中发现的特性。它们表现出功能分化现象（皮质区 V1 负责定向，V4 负责色彩，V5 负责目标的运动，等等），但各分区也通过折返的绑定整合起来 —— 也就是说，当它们连接到一起时，表现出了更多统一的特性。

　　这种思想也可以用来分析丘脑皮质系统，来揭示意识场景或感质空间 —— 表示所有不同感质的空间 —— 统一却又分化的特性的神经机制。不过在此之前，除了上面的这些，我们还必须考虑两件事情。一是丘脑皮质系统是动态的。由于神经元连接的数量十分庞大，加上兴奋型、抑制型神经元的折返式交互以及网状核与皮质下价值系统的门控作用，丘脑皮质系统的功能性连接会在瞬息间快速变化。第二件事情是系统内部的交互要多于与皮质下系统的交互，例如调节大脑非意识活动的基底核。动态折返的丘脑皮质系统似乎主要同自己交流。这其实就是所谓的功能性聚团（functional cluster）：大部分神经交互发生在丘脑和皮质内部，大脑各部分之间的交互则相对较少。后面我们会看到，这是一个重要特性，可以区分哪些神经活动服务于意识，哪些没有。

这个功能性聚团及其大量动态折返式交互 —— 主要出现在丘脑皮质系统 —— 被称为动态核心（dynamic core，图9）。动态核心有着极度复杂的神经回路，瞬息之间不断变化，正是统一而又分化的意识过程所需的那种复杂神经结构。它的折返式结构能整合或绑定各种丘脑核和功能区隔的皮质区的活动，从而产生出统一的场景。通过这种交互，动态核心将价值范畴记忆与感知分类联系起来。此外，它还负责让概念和记忆映射彼此相连。动态核心响应内部信号，状态不断变化，而且在短暂时期内，不与各具动态分化功能的新生回路沟通联系，这个特性解释了组成意识状态的相继场景的分化现象。最重要的是，由于其组成回路和神经元群的简并性和联想特性，核心的活动使得意识动物能执行高级辨识功能。

感质就是这种辨识。之所以能涌现大量辨识，是因为动态核心是一种复杂系统，能维持功能区隔的部分，同时又能以丰富多样的组合方式来整合这些部分的活动。简并核心回路的暂态就可能对应于一个场景，在很短的时间内又会更新，从而产生出变化的场景。当然这里的整幅图景与神经元群选择理论是一致的，与其将大脑视为选择系统的观念也相吻合，表现出既稳定又变化的特性。

对于成熟的个体，整个感质空间的整合范围可以通过经验放大或通过注意力动态地缩小。两个过程对于意识的计划能力都很重要。例如，可以想象，品酒专家通过反复品尝各种酒，并进行越来越细致的讨论后，会产生微妙变化。但单独一个人如何能得出这类不同的辨识

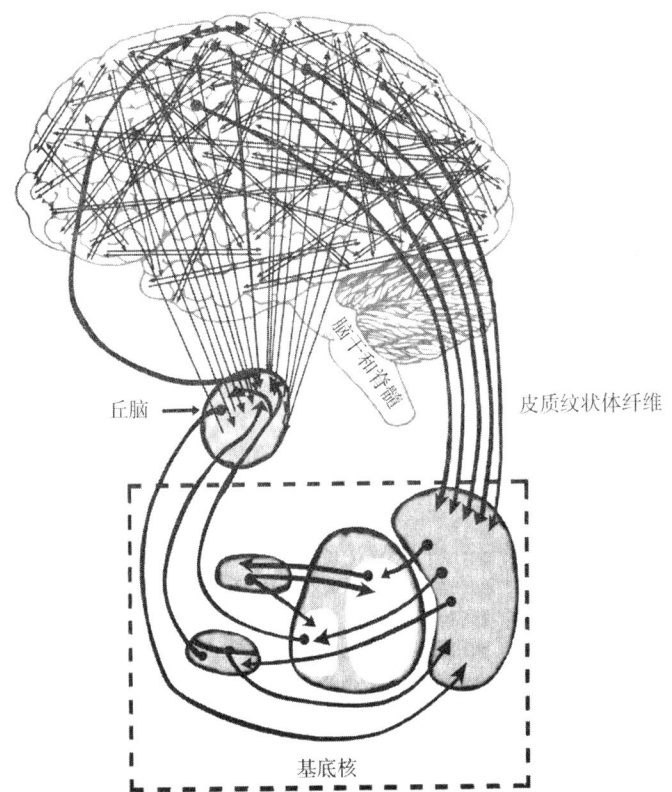

丘脑 ←

脑干和脊髓

皮质纹状体纤维

基底核

图9 动态核心。丘脑皮质系统 —— 动态核心的来源 —— 表示为皮质和丘脑区细密的网状结构和折返式连接。核心由功能性聚团组成，聚团主要和自己交流，通过折返式网络传递大量不断波动的复杂信号。折返式动态核心触发的反应也能激发非意识反应。这些反应沿着并行脱离皮质的多突触单向通路传输，抵达基底核不同部位和部分丘脑核，最终又回到皮质区（见图3中）。通过这种方式，服务于意识的反应，就能与非意识区域的活动模式相连，这些活动主要由基底核负责，但不是全部。为了清晰起见，图中将基底核和丘脑挪了位置并放大。核心之外的皮质区在一些特定的时间也能与这些非意识活动模式互动。但再过几百毫秒之后，这些区域的神经元群就能加入到核心

呢？折返式动态核心能不能解释意识场景属于主观自我的事实？

　　后面讨论高级意识的时候我们会深入思考这个问题。这里简单解释一下在发育阶段和早期经验中可能发生的变化。意识最早的辨识能力关注的必然是与身体本身有关的感知分类。各种感知分类由映射身体状态的信号调节，这些信号来自脑干和各种价值系统（图7）。前面曾提到，来自"自我"系统的信号，负责报告身体和内外环境的关系。这些信号包括所谓的本体感、运动感或躯体感，以及自主部件。这些部件的信号，分别对应身体姿态、肌肉和关节的活动，以及对内部环境的调节，影响及于我们生命的几乎一切层面。它们调节的身体功能，就算成熟个体，也只是隐约意识到。同发送信号指明各种内外事件意义的价值系统一样，这些部件位于意识体验的深层核心。初期基于身体的自我意识（甚至早期的胎动也会增强这种意识）有可能为我们的感质空间提供了最初的引导，随后而来的基于外部信号（"非自我"）的记忆才逐渐变得复杂。因此，在高级意识出现之前，基于身体的神经参照空间，或以身体为中心的场景就会建立起来。动物或新生儿会体验到参照相对自我的场景，却不会有由内部分化成形的可指名自我。随着语义和语言能力以及社会交往的增多，人类的高级意识发展起来后，可指名自我才会涌现出来。在此之后个体才能指名和明确地区分感质。但在此之前，个体已经能够辨识感质，而且初级意识自我不断进行的分类，也几乎肯定是以之为参照。在意识背后的复杂系统中，已经含有了组成所有意识状态的可被辨识的感质。动态核心的活动通过学习不断丰富，终生都会受新的分类过程影响，而且这些类别范畴都与身体自我有关。不过重要的是要认识到，无论何时，组成核心的功能性聚团都不能等同于皮质或丘脑的整体，即使其部件不断地与非意识区域交互。

　　还有一个问题是自我是如何意识到持续的场景的。我们必须正视第一人称体验与第三者对体验背后的神经状态的描述的区别。就此问题，我们可以想象一个小妖观察者，它的任务是将亚稳态的核心状态解释为体验。假想大脑中有这样一个观察者，它能观察并解读某一物种的意识个体的动态核心中价值范畴记忆的大量神经运作。这种记忆系统是基于特定的物种，并与过去的感知体验有关。同时设想自我类别位于最前沿，即使各种类别与关系到非自我的感知分类混在一起。随着折返式动态核心持续的活动导致新场景的产生，小妖会观察到产生这个场景的神经活动，并注意到"自我"——通过身体的线索不断地动态构建——也与这个场景有关。然而，即使有了这些能力，这个假想的小妖也无法察觉或控制这个个体的意识活动背后的高级辨识。这个小妖也体验不到这些活动所伴随的感质。

　　这个有些古怪的构建推断表明，即使具备分析能力，这个小妖也永远不会知道，身为一个有意识的人是什么感受。我们将其放入大脑，并赋予它观察核心的能力，让它尝试理解意识体验的特殊本质。无论小妖是从外部还是内部来观察，只要它不具备那个动物的身体，就无法完全重复体验这种隐私的内涵。但通过观察参照自我的范畴记忆如何处理新的类别以生成场景，也许会带来启发，帮我们认识该如何弥合主观意识与神经活动之间的鸿沟。当然，小妖并不存在。实际上，这个设想的构造是用来迫使我们面对核心的问题。这个问题与意识的因果效力（causal efficacy）有关，下面我们就进入这个问题。

第 7 章
意识与因果——现象转换

现在进入意识理论的关键。讨论到这里，我们必须面对两个问题，前面也曾介绍过，两个问题都与因果有关。第一个问题是：如何由神经过程得出意识过程？从某种意义上，我们已经回答了这个问题，不过答案必须重新组织以应对第二个问题：意识本身具有因果效力吗？

之前论述的观点是意识过程来自折返式交互作用，这种交互介于价值范畴记忆系统 —— 大部分位于丘脑皮质系统的较前方部位 —— 和负责感知分类的较后方系统之间。通过动态核心复杂的状态变化，这些交互作用构成了意识状态统一性的基础，同时也是意识状态变化多样性的基础。由于最初期的交互作用都涉及来自身体的输入，这些输入来自于与价值系统、运动区、情感反应区相关的大脑中枢，因此核心过程始终是围绕着一个作为记忆参照物的自我。在初级意识中，这个自我存在于记忆的当下，反映出一个短暂当下的情景的整合。但具有初级意识的动物即使拥有对过去事件的长程记忆，它也不会有一般化的能力来清晰地处理过去或未来的概念。不过，它还是能进行大量的意识辨识，这种辨识是作为感质的体验。只有基于语义能力的高级意识进化出来之后，清晰的自我、过去和未来的概念才涌现出来。

这段讨论表明，折返式动态核心的基本神经活动将来自外界和大脑的信号进行"现象转换（phenomenal transform）"，也就是转换成意识动物该有的感觉，感质体验。这种转换的存在（我们的感质体验）反映出进行高级区分或辨识的能力，如果没有核心的神经活动，就不可能会有这种能力。我们的观点是，现象转换（即这组辨识能力）正是神经活动所蕴含的。它并不是神经活动的结果，而是这种活动的一种同时发生的特性。

这就将我们直接带到了第二个问题。现象转换本身具有因果效力吗？无论是对于考虑意识行为如何发生，还是确定意识的进化出现是有效过程还是适应性过程，这个问题都很关键。以直接一点的方式来研究一下这个问题，我们姑且将现象转换及其过程称为 C，将底层的神经过程称为 C′。C 和 C′ 可以加下标（$C_0′$, C_0; $C_1′$, C_1; $C_2′$, C_2; $C_3′$, C_3; 等等）以标记相继的状态，不过暂时还不强调时间问题。我们已经指出 C 是一个过程，而不是一个物体，另外它反映出高级辨识能力，而且如果没有 C′ 就不会有这个过程。不过，根据物理定律，C 本身不具因果效力，它反映的是一种关系，不能直接或通过场施加物理力。它是 C′ 所蕴含的，而 C′ 的复杂辨识活动才具有因果效力。

也就是说，虽然 C 伴随着 C′，却只有 C′ 才对其他神经元事件和一些身体行为具有因果效力。世界具有因果封闭性 —— 不存在什么幽灵或灵魂 —— 而世界事件只会响应构成 C′ 的神经事件（图10）。

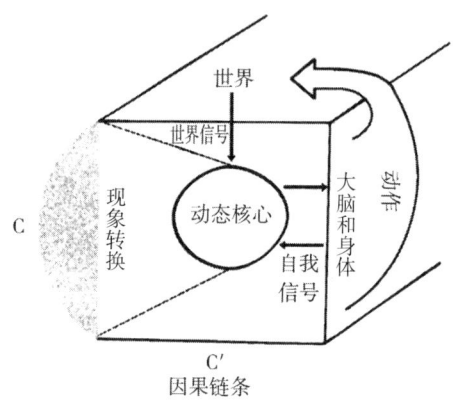

图10　世界、身体和大脑的因果链条影响折返式动态核心。核心的活动（C′）反过来又影响下一步的神经事件和动作。核心的过程赋予了进行高级辨识的能力。所蕴含的现象转换（C）与其感质一起组成了这些辨识

意识C作为C′的属性，反映的是在多维感质空间进行精细辨识的能力。现象转换 —— 反映出这个空间中的事件 —— 是底层因果性C′事件的可靠指示。根据这个推理路线，进化选择C′（底下是动态核心的神经活动）是为了其活动所赋予的高效的计划能力。不过，与此同时，C′活动蕴含相应的C状态。事实上，不存在其他方式可以让某个动物直接体验C′的效果。现象转换提供了呈现辨识的整合场景（C′的活动使之成为可能），从而也为个体提供了其意识背后的因果状态的可靠指示。

C′蕴含C的作用，也为个体之间交流C′的状态提供了可靠途径。但这种交流仍然是以C′作为交流载体。C′对C的蕴含关系也意味着，哲学上的僵尸论证（zombie argument）不符合逻辑。这个论证认为，僵尸（有C′却没有现象转换C的个体）也能够像其他具有C的个体一样运作。因此，根据这种论证，没有感觉、感质、情绪或情景的僵尸

评论家在评论绘画优劣时也能得出与具有 C 体验的人类评论家一样的结论。但是，我们的论证表明，如果 C′ 没有蕴含 C，就不可能得出一致的结果。僵尸不会知道有意识的人是什么感受，也不可能得到和人一样的辨识。此外，如果没有意识，也就不会有对意识的意识。只要有了作为核心活动的结果的 C′，就肯定会有 C 这种可靠的属性。

那么 C′-C 关系又是如何进化出来的呢？我已经考虑了负责知觉分类的脑区和价值范畴记忆系统之间的折返连接的发展的必要性，这里我想简要推测一下 C′ 与 C 的蕴含关系的起源。可以合理地认为，动态核心所赋予的精细辨识能力的发展具有选择优势。因此，就算不具备高级交流能力的物种，也会进化出这种核心。不过，我发现另一种考量更具吸引力，如果对于某个物种，丰富的情感交流能力会提高适应性，若能将进行精细辨识的能力 C′ 与对这些辨识的交流结合起来，就会带来优势。这样进化出的动物就能通过 C 高效地交流 C′。毕竟，C 是唯一能反映相互之间 C′ 状态的信息。随着 C 状态对 C′ 状态的反映越来越可靠，世界是因果封闭的和只有 C′ 具有因果效力这些事实就不会有损于 C 作为交流载体的作用。

世界是因果封闭的，一些心灵哲学家尤其是金在权（Jaegwon Kim）已经指出了这一点。根据另一位哲学家戴维森（Donald Davidson）的观点，金在权提出，作为心理状态的 C 状态是"随附性的（supervenient）"，依附于物理状态（用我们的话说就是 C′）。金在权在其早期研究中将所有涉及心理事件的因果关系都描述为附带发生的随附因果关系。这大概就是视 C′ 具有因果效力，因为"附带发生"的意思就是不具有因果效力。虽然这些观点都大致与我们的观点一致，不过我还是不会明确说那些精神事件是直接的因果作用，因为这是一种关系，并不能施加物理力。但 C′ 中的神经激发能够这样做，例如可以激发肌肉动作。通过描述在一种具体的神经模式中 C 如何依附于 C′，我们就可以不再停留于抽象地描述 C 对 C′ 的依附。

总体上来说，我对意识的观点与詹姆士的一致，甚至可以说是受他启发。但是对于意识与因果性的关系我与他的看法不同。在《心理学原理》中，詹姆士引用了达尔文的铁杆赫胥黎（T. H. Huxley）的一段话：

> 兽类的意识似乎是作为其身体功能运作的副产品而与之相关，而且似乎完全没有使后者的运作发生改变的能力，就像伴随着火车头工作的汽笛对其机械装置没有影响一样。它们的意志（如果它们有任何意志的话）是身体变化的情绪象征，而不是身体变化的原因……就我的判断所及，确实，适用于兽类的观点也同样适用于人类；因此，我们所有的意识状态（就像它们的一样）都是直接由大脑中的物质分子变化引起的。在我看来，无论对于人还是兽类，都似乎没有什么证据表明，有任何意识状态能导致生物体物质运动的变化。如果这种观点有确实依据，就可以推知，我们的心理状况只不过是生物体内自发变化的意识表象；而且，做个极端的说明，我们称为意志的那种感觉，并不是自主行动的起因，而是作为那种行动的起因的大脑状态的表象。我们是有意识的自动机。

　　詹姆士不赞同这种他称为"自动机论"（Automaton-Theory）的立场。他抓住了其要点，甚至还加入了自己的隐喻，他说："就像从竖琴流出的旋律，不会迟滞或加速弦的振动；就像与行人相伴而行的影子，不会影响人的步伐。"但接着他就提出了对立的观点，坚持认为意识分布的独特性表明意识是有效力的。他的论点有三大支柱。首先，他认为意识负责选择。其次，他认为大脑皮质具有内在的不稳定性，而这个明显的缺陷可以通过意识来纠正，意识担当"追求目标的斗士"，加强有利于生物体的活动，抑制不利的活动，从而稳定皮质。第三，詹姆士认为，快乐与有益处的经验有关联，而痛苦与有害处的经验有关。如果快乐和痛苦没有效力，又如果自动机论是正确的，就无法解释为什么反过来（痛苦，有益处；快乐，有害处）不能成立。在詹姆士看来，进化出意识"是为了掌控已变得过于复杂而无法自行调节的神经系统"。詹姆士的观点偏颇，不过他很坦诚，没有讳言他的立场蕴含的一个根本性问题："目前还不知道，意识是如何对（神经）电流施加这种反作用的。"值得注意的是，最近另一位天才科学家斯佩里（Roger Sperry）也认定意识确实能影响神经元的放电。

　　显然，我的立场相反：詹姆士提出的所有疑点都可以用C′状态和与之相伴的C状态的适当进化来解释。只要能提供可行的意识机制（产生自折返式动态核心的活动），就可以解释"神经电流"的效应。

　　我不同意詹姆士，同时我也不赞同赫胥黎：我们不是自动机。神经元群选择理论以群体和选择思想作为坚实的基础，反驳了我们是机器（或者更精确地说，是图灵机）的观点。事实上，意识的多变性——这是动态核心的本质所决定的——并不是缺点。因为多变性还伴随着整合性活动和选择。丰富异常的核心状态为适应环境的变化提供了基础。通过作为复杂系统的大脑的运作，这种适应会稳定下来。

我们的立场之所以与众不同，并不是在于C是随附现象，或是（如果真是这样）其会导致悖论。事实上这不会引出矛盾。我们的因果观点的独特之处在于，C状态虽然不具有直接的因果效力，却忠实地反映了C′状态精细得难以置信的辨识能力。C状态（或感质）是C′状态所蕴含的辨识。这是意识活动的基本特性，是动态核心的折返式互动所导致的。

C′与C之间紧密的蕴含关系必然牵涉到第一人称体验。其他任何人要针对C′所产生的后果进行断言（就像我们的小妖做的那样），将会需要对这个个体即时的核心状态进行极为迅速的数学整合，以及将这种极为复杂事件的整合与核心之后的事件联系起来的手段。显然，进化的力量再大，也没法确保能出现这样的能力。不仅如此，要想对前因后果进行有效的测量，这种能力还要了解每个个体先前的价值−范畴经验的完整知识。考虑到神经事件的新奇性和选择性本质，这种整合将没法通过计算机完成，再强大也不行。就连我们古怪的小妖，虽然我们假定它能跟随这个过程，也还是不能体验这个过程。

当我们相互交谈时，C状态仿佛具有因果效力，我们不用注意到具体的C′状态才是我们交流的真正因果力。蕴含关系使得作为C′属性的C，能准确地跟随C′与因果效力的关系。虽然初看上去有些怪异，我们的所有交流，无论是第一人称还是第三人称，都依赖于神经事件，但这的确不矛盾。会导致矛盾的是相反的立场：认为C′状态无需蕴含

C就能导致一致的效应，认为C不需要C′就能存在，或是认为C本身具有因果效力。

现象转换以一种优雅的方式，在第一人称的基础上，表达了C′的整合状态。没有其他途径能直接体验这些神经事件。即便两个具有意识的人的交流，现象转换也可以作为因果关系的表象，而不用参与因果过程。主观状态反映了核心的神经状态的当前特性。正是在感质空间本身，意识表现了万千气象。

第 8 章
意识和非意识——自动和注意力

我们都熟悉习惯和通过有意识学习习得的自动行为，例如骑自行车。我们也熟悉各种层次的意识注意行为。从自由飘浮"放松状态"的注意力发散到注意力高度集中于某个想法、想象或思维。所有这些都以各式各样的方式关联到皮质下结构的运作，它们与动态丘脑核心协作。前面介绍过这些皮质下结构：基底核、小脑和海马区。我称它们为演替器官（organs of succession），因为它们关系到运动和时间。

毫无疑问基底核和小脑对于运动的发动和控制很重要。前面曾提到，海马区能与大脑皮质互动，从而将短期记忆转化为长程记忆。如果将两侧的海马体都移除，就无法建立情景记忆，不过损伤之前的情景记忆还会留存。

在考虑自动性和注意力时，我们主要关注基底核与大脑皮质的交互。这种交互将非意识与意识联系起来。在介绍这种交互之前，我们有必要再来了解一下神经生理学。在介绍丘脑核结构与基底核系统的巨大差异时，会涉及一些拉丁文名词。不过这些名词并不重要，关键是它们背后的生理关联。

　　基底核由大脑深处5个核群组成（图11）。它们接收来自大脑皮质的连接，然后又通过丘脑投射到皮质。核群与皮质以一种拓扑组织的方式双向连接（就像一幅映射图）。各核团也通过一系列多突触环路相互连接。

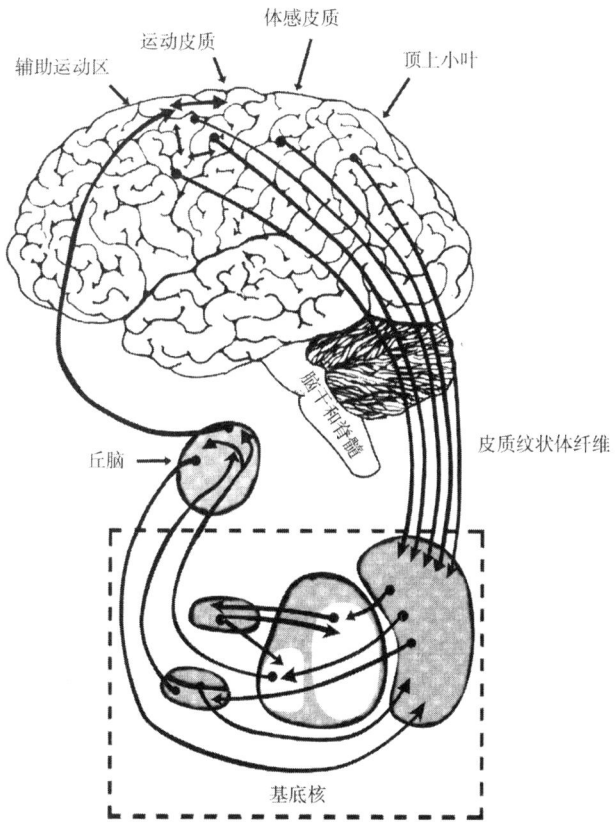

　　图11　基底核的运动回路。表现了多突触回路取道丘脑传递抑制型和去抑制型信号。基底核回路是皮质下反馈环，从运动和体感皮质开始，通过基底核和丘脑各部分，然后又回到运动前皮质、辅助运动区和运动皮质。（为了清晰起见，基底核和丘脑进行了移动放大。）基底核涉及动作程序和规划的调节，还似乎与注意力的各方面有关。图中没有显示基底核与其他脑区（例如前脑，额叶和顶叶皮质）的类似连接，它们对于注意力尤为重要

　　基底核有个重要部分，组成了接收皮质输入的核群（input nuclei），就是所谓的纹状体（striatum），是由尾状核（caudate nucleus）和壳核（putamen）组成。其余核团分别为苍白球（globus pallidus）、黑质（substantia nigra）和丘脑下核（subthalamic nucleus）。苍白球与黑质的一部分构成了投射到丘脑的输出核群（output nuclei）的主体。它们的输出可以视为动态丘脑核心的输入。除了大脑皮质到纹状体有输入，丘脑的板内核（intralaminar nuclei）也投射到纹状体。尤其要注意基底核接收的输入遍布皮质所有区域。这与小脑形成鲜明对比，小脑接收的输入限定于皮质的感知运动（sensorimotor）部分。除了小脑连接到皮质的运动和运动前区域，基底核还要投射到前额皮质和所谓的联想区（association areas），联想区的活动帮助我们权衡与行动有关的决策。

　　根据传统观点，基底核主要通过两条回路发挥作用。只需考虑运动就能最好地体现基底核的作用；同样的机制也适用于基底核的其他回路。所谓的直接通路（direct pathway）负责接收从皮质传向纹状体的兴奋型（谷氨酸）输入。然后纹状体投射到苍白球内侧部分和黑质的网状部（pars reticulata）。接下来，这两种投射都转而向丘脑延伸，然后再回到皮质区。间接通路（indirect pathway）则是走的另一条路。先从纹状体走到苍白球外侧部分，然后延伸到丘脑下核。接着又从丘脑下核返回投射到苍白球和黑质。

　　纹状体的输出是抑制型的。受皮质激发的纹状体神经元抑制基底核输出核群的抑制型细胞。从而释放（去抑制）丘脑细胞，刺激大脑皮质的运动前和运动区域，并导致运动。与之相对，间接通路则是在皮质纹状体（corticostriatal）输入抑制了苍白球外侧部分时才会发挥作用。这会使得丘脑下核去抑制，这样丘脑下核就会释放谷氨酸递质激发基底核的输出核群。结果是对丘脑进行抑制和使得运动区域的兴奋消退。

　　这两条通路的关键调节因素都是多巴胺，这种神经递质调节来自黑质的投射。多巴胺刺激直接通路，但是抑制间接通路。两者最终的结果就是增强运动。

　　从这里的论述可以看出，基底核与大脑皮质的组织截然不同。显然基底核的运动回路通过改善部分皮质的响应和抑制其他部分来调节运动。黑质多巴胺投射的损伤会导致一些障碍，例如帕金森病。这种病会导致运动起始困难、运动执行缓慢、震颤和僵硬。但运动程序可能还不是皮质唯一受基底核影响的功能。有证据表明帕金森病患者会有认知缺陷，思维整体变慢。也有证据表明基底核与强迫性精神障碍导致的缺陷和重复行为也有关。此外，遗传型亨廷顿氏病（Huntington's disease）也是纹状体中的胆碱细胞和 γ - 氨基酪酸细胞缺失导致的，这种病会导致严重认知缺陷。症状包括心不在焉，最终会导致痴呆，并伴随着严重的运动障碍。这些严重认知缺陷可能与这些疾病对从基底核到前额皮质的投射的影响有关。

　　有假说认为基底核与皮质的连接关系到自动运动程序的执行，一系列大脑扫描技术的结果都与此相吻合。在有意识地学习某项技能时，大量大脑皮质参与其中。通过练习，就不再需要有意识的注意，例如，在学会骑自行车之后，动作变得自动化。这时候再进行大脑扫描会发现皮质区的介入减少了很多，除非引入新的东西，才又需要有意识的注意。这是个很有吸引力的假说，认为这种程序学习的背后是皮质与基底核协作改变突触强度。比如说，练习音乐段落最终会产生"自发流出"的能力，无需专注细部音符。接着，练完两个乐段后，可以通过进一步练习和有意识的努力将两段合到一起，这样就又能自动执行。演出时，钢琴家与乐团演奏协奏曲时不用有意识注意一个个音符就能演奏乐章，同时还能有意识地计划或思考下一乐章。根据这个假说，演奏的非意识部分主要是由基底核和没有参与核心活动的皮质区域掌控的。

这个假说意味着参与这些互动的部分皮质没有直接参与动态核心的运作。不过一旦有必要，核心的输入和输出仍然能唤起这些皮质部分和基底核的习得响应，有意识地执行这些之前处于非意识的程序。

这类交互作用涉及的注意力程度各异，而且调节意识注意力的机制可能也不止一种。例如，在意识的"自由飘浮"或"放松"状态只有很少的注意力集中，有理由认为，皮质－皮质间折返连接和变动的丘脑－皮质折返连接就能提供足够的基础。注意力更集中一点，但又还没到心无杂念时，丘脑特定核群的网状核可能会限制核心活动，发挥对注意力状态的控制作用。当处于注意力高度集中的状态时，一个合理的推测是，基底核与额叶和顶叶皮质间的互动环路可能会加入核心，从而提供一种中枢机制。这个假说认为注意力的运动成分在想象动作中扮演了关键的甚至是控制性角色，却没有参与实际的运动。基底核回路很适合这个假说。与小脑回路不同，它没有通往脑干和脊髓的直接输出，却通过丘脑连接到了皮质的大部分区域。

　　因此在注意力高度集中时，感知运动环路和全局映射便通过这种方式将动态核心状态限定在有意识注意的目标上。在这种情况下，集中注意力的主体就好像只注意到眼前事务，意识不到其他一切。基底核的抑制型环路和通过平衡直接回路与间接回路以调节抑制的能力就似乎很好地适用于这种机制。

　　这里提出的假说基于一个观念，那就是丘脑皮质核心的复杂折返式动态会受非意识大脑活动的影响。我没有讨论弗洛伊德的无意识和压抑观点，这个话题还存在一定争议。不过可以想见，价值系统的调节可以为与特定记忆有关的通路的选择性抑制提供基础。就目前来说，解释清楚意识状态与非意识状态的互动就可以了。

　　这一章介绍的生理学对于揭示基底核、小脑等非意识结构与核心的丘脑皮质状况的差异是必要的。核心的要素是大量的折返式连接。与之相对，基底核的要素则是长程的抑制环路。这种环路的互动地点分布广泛，但总体上，动态核心要比基底核的多突触环路复杂得多。就像之前曾指出的，核心是功能性聚团，主要通过与自身的交互产生意识状态。不过，这种开启或约束皮质−基底核互动从而调节意识内容的能力，仍然能影响核心聚团的范围，并改变注意力状态。

第 9 章
高级意识和表征

　　到目前为止我们的论述还主要限于初级意识。就我们所知，只有初级意识的动物，并没有过往感受和将来概念，也没有社会性的可指名自我。此外，它们也不具备对意识的意识。缺乏这些能力并不意味着它们缺乏自我，也不代表它们没有记忆的当下，或是没有长程记忆。它们甚至能根据过往的价值范畴记忆，在记忆当下的意识注意力聚焦中进行计划或反应。

　　那么它们缺的是什么呢？根据广义神经元群选择理论，它们不具备语义能力。它们不能用符号作为代号，来给行动或事件赋予意义，并不能对当下时刻展开的事件进行推理。这并不是说要具有高级意识就必须具有语言。一些证据表明，像黑猩猩这样的灵长类动物具有语义能力，但基本没有语法能力，因而也没有真正的语言。但是有证据表明，它们能认出镜子里的自己，并对其他黑猩猩或人类行为的后果进行推理。基于这一点和它们的语义能力，它们很有可能具有某种形式的高级意识。

　　我们主要参照的高级意识物种就是我们自己。我们不仅具有生物性，而且拥有除了在记忆当下中的自我以外，我们还具有高级意识和社会性的语言界定的自我。我们能意识到具有意识，能清晰地叙述过去，并能想象未来的场景。我们具有真正的语言，因为除了语音和语义能力，我们还具有语法能力。在习得并积累词汇之后，人们能通过注意行为，用言语代号或符号将自己从记忆的当下中分离出来。当然，高级意识要能运作，初级意识也是必需的，只不过其当下需求会暂时被专注行动所取代。

　　这些观察引出了一系列有趣的问题。第一个问题与海马区的功能有关。海马区神经结构对于情景记忆很重要，情景记忆是序列事件的长程记忆，是大脑的"叙事"。前面曾提到，若切除成人两侧的海马区，会导致短期意识和记忆无法转化成长程记忆。双侧海马区切除后，患者仍然会保留手术之前的情景记忆和叙事能力。但对于术后的事情，他们只能回忆很短时间内的经验序列。目前还不知道，如果有人天生就没有海马区是否会导致其不具有意识。不过我推测，即使还能有某种形式的初级意识，也很有可能发展不出高级意识。高级意识有赖于情景记忆，如果没有情景记忆，就不太可能发展出一贯的语义行为。

　　在进化历程中是否是先出现语义能力然后才出现语法能力，目前仍有争议。若说只有在大脑皮质的布洛卡区（Broca's area）和韦尼克区（Wernicke's area）出现后，语言能力才出现，就未免太过简化了。这些区域一旦受损，会导致各种形式的语言障碍，包括所谓的失语症（aphasia）。新出现的皮质下构造，以及额前叶皮质的增大，都有可能与语法的进化，从而使得真正语言的出现成为可能有关。无论真相如何，这些脑区之间出现的新的折返式通路和回路都很有可能是语义进化涌现的重要基础，并最终导致语言能力的进化。因此这些通路对于高级意识的发展很关键（图12）。

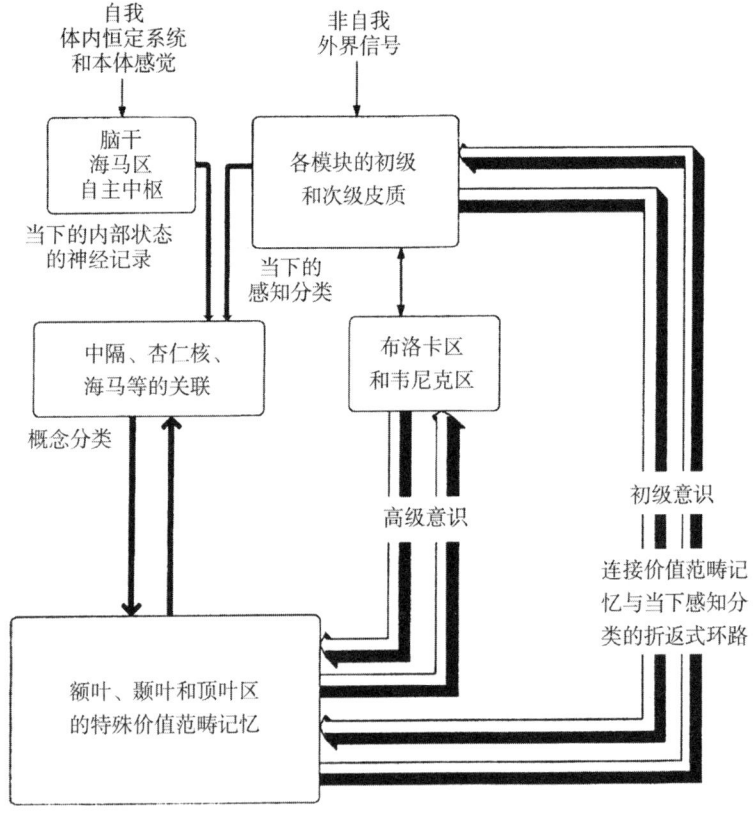

图12　高级意识的进化。具有语义能力的灵长类动物出现了新的折返式环路，并且随着人类进化过程中语言的涌现，这种折返式环路也大量增长。新的记忆形式的产生，语义能力的拓展，再加上具有语法的真正的语言，最终导致了概念的爆发式增长。高级意识因而得以出现，自我、过去和未来的概念也与初级意识连接起来。对意识的意识也成为可能（与图7中的初级意识比较）

　　一旦个体发展出了这些能力，意识思想的范围就会大幅扩展。就像心理学家布鲁纳（Jerome Bruner）说的，大脑能超越其所得到的信息。各区域之间的折返式互动调节概念，概念又调节语言表征，大脑的非意识部分则让意识在没有新的感知信息时也能提取记忆。但是也不能想当然地认为有了语言能力就直接保证具有完整的高级意识功能。必须通过儿童期的逐步发展，并与概念和记忆系统相互协调，才会有高级意识的完全成熟。

人类学家研究了人类语言的发展。当然，我们不能忽视一些因素的发展，包括用于说话的声道、上喉腔，说话时的呼吸运动调节，以及听音辨识。但更重要的是人类进化过程中大脑皮质的大量增长和进化。直立行走的进化几乎肯定是皮质增大的必要前提，因为解除了颅骨形态的限制，从而可以适应大面积的皮质。

除此以外，人们还猜测，直立行走之后，解放出来的双手可以做手势，是不是也促进了交流。在一些失聪和聋哑人中观察到了不具有正式手语语法的手势交流。这类交流表明语言的最初形式除了声音符号，可能还包括手势。通过将上肢从臂跃行动（攀爬或悬吊）或行走中解放出来，早期人类可能发展出了一整套早期语言的雏形，包括自我和他人对手势的解读。目前还不清楚，婴儿在学会走路解放双手后，是不是也能在熟悉讲话之前发展出类似的能力。与运动和运动控制有关的意识发展可能极大地促进了语言的获取。几乎可以肯定，在儿童习得语言之前，必须具备关于物体、事件和相继的概念。根据这些思想，解放的上肢的动作序列可能促进了基底核－皮质环路的发展，从而为语法序列的涌现铺平了道路，进而建立起了原型语法（protosyntax）。

显然，要产生真正的语言，最重要的一步是实现用任意的标识 —— 手势或词汇 —— 来标识事物或事件。当这类标识积累到足够多的时候，高级意识的范围就会得到极大的扩展。通过隐喻可以进行联想，随着持续不断的活动，早期的隐喻可以转化成更精确的个人或人际经验的范畴。随之而来的是叙事的能力和扩展出的时间相继的感觉。记忆的当下是对真实的物理时间的反映，高级意识则使得社会建构的自我与过去的记忆和对未来想象的关联成为可能。想象当下的一点从过去一直延伸到未来的赫拉克利特幻象（Heraclitean illusion）就是这样建立起来的。这种幻象，与对叙事和隐喻的感知一起，将高级意识推到了新的高度。对这些能力的思考让我们转而注意到"思维中的"表示问题。

现代认知科学主要建立在心理表征（mental representation）的基础之上，一些分支还认为大脑的功能在于"计算"。神经科学家有些喜欢用"表征"或"编码"这类术语来指称神经激发模式与感知输入或记忆状态的关系。在使用这些术语时必须界定清楚意识的角色，否则就会引起混淆。

"表征"作为术语有非常宽泛的用途 —— 可以用于图像、手势、语言，等等。在大部分情形中，都带有指称和意义的含义。但有一个常犯的错误是将意义与心理表征等同起来，其中原因我会在适当的时候解释。不管怎样，很难否定意识与表征有密切的关联。神经生理学家可能会说神经激发模式与输入信号的关系就是表征，这种提法反映了一种第三人称视角。如果这样，就没有包括心理意象、概念和思想，更不会包括意向性（intentionality）所涵盖的信念、欲望和意向。

我的立场是，虽然意识过程涉及表征，意识的神经基础却是非表征性的。其必然的推论是，表征的形式发生在 C，但并不驱使底层的 C′ 状态（图 10）。根据这种观点，记忆是非表征性的，概念则是大脑映射其本身的知觉映射图所得到的产物，从而产生普适性或 "共性"。虽然记忆和概念与价值系统一样，都是意义或语义内容的必要条件，它们却并不等同于该内容。

这种立场的好处是，它没有将意义和指称绑定到与大脑状态或环境状态一一对应。与此同时，大量的 "表征" 可以用初级意识或高级意识的状态来解释。例如，导致初级意识场景中心理意象的神经过程同样也是直接知觉意象的来源。一个依赖于记忆，另一个则依赖于外界信号。另一方面，概念无需依赖意象，但是很依赖全局映射和运动系统的特定活动，这些活动并不一定要涉及运动皮质，因此也不会导致运动。在更高层次上，认知和意向性都只是意识过程的组成部分，有可能会也有可能不会导致意象。

这个观点否定计算的观念，也不认同 "思维语言（language of thought）" 的思想。意义并不等同于 "心理表征"。它是价值系统、变化的环境信号、学习与非表征记忆互动的产物。本质上，意识过程以一种简并性和情境依赖性（context-dependent）的网络构造来融合表征：各种神经回路、突触群，不同的环境信号和之前的经历都会导致相同的意义。

表征与意向性的问题关系到如何解释高级意识本身的产生。理解这一点的关键在于意识背后的折返式回路是高度简并性的。并没有唯一的回路活动或代码与特定的"表征"相对应。一个神经元可能在某次参与了这个"表征"，下一次却没参与。在与环境的情境依赖性互动中也是一样。情景的变化能改变作为表征的一部分的感质，甚至重组某些感质，却不改变表征。可以肯定的是，与感知有关的感质的某些方面没有包括在任何表征中。

与意识背后的复杂动态核心的整合和分化过程的关系也是这样。核心状态本身并不以一一对应的方式"表征"特定的意象、概念或场景。相反，根据输入、环境、身体状态等背景，不同的核心状态可以产生相同的表征。其中的互动是关联性的，具有多态集合的特性。这些集合就像维特根斯坦（Ludwig Wittgenstein）的"游戏"，既不是以唯一的必要条件来定义，也不是由联合的充分条件来定义。举个例子，如果今天的游戏有 n 条不同的规则，则任意 m 条规则（ m 远远小于 n ）可能就足以定义游戏，或者就我们的问题来说，特定的表征背后是核心状态的一个子集。

虽然这种观点不像逻辑原子论或心智的计算机模型那样干净利落，它却与对语言和指称的一系列观察相一致。对于任何表征，背后都有许多可能的神经状态和情境依赖信号，指出这一点，就能把意识体验的历史性纳入考量。更为重要的是，这与任意"表征"背后的关系的高度复杂性相一致。至于如何解释表征的丰富变化，可以思考各种意识状态如何产生关联，更重要的是，厘清与其关联的大量复杂的核心神经状态如何产生关联，就能解决这个问题。

到目前为止，我还没怎么说过揭示意识的神经关联的实验。为了讨论表征的复杂性，这里简要介绍其中一个实验。这个实验的目的是研究当一个人意识到某个感知对象时会发生什么事情。结果表明，当意识到那个对象时，每个人的大脑都会产生广泛的折返式互动。同时还发现，报告中意识反应类似的人会有不同的个人模式 —— 也就是说每个人都互不相同。

这项实验使用了一种称为脑磁图描记法（magnetoencephalography）的非介入式技术，通过测量磁场来测量几万个神经元范围内的微小电流。仪器使用了超导元件，在极低温度下基本没有电阻。其中一款仪器在头盔中安装了148个超导元件。测量在屏蔽的房间中进行，以尽量减少外界干扰。

实验是根据一种所谓的双眼竞争（binocular rivalry）现象。实验参与者戴上分别嵌有红色和蓝色镜片的眼镜，观看屏幕上垂直的红条纹和水平的蓝条纹。通过眼睛和大脑的建构，不同的图像无法相互协调或融合。事实上，受试者会先看到垂直的红条纹，几秒钟以后，又会看到水平的蓝条纹，这样反复交替。每当看到红条纹就按右边的按钮，看到蓝条纹就按左边的按钮。按钮信号与大脑的磁场信号同步记录。

数据用数学方法处理后最终得出受试者报告意识到对象和没有意识到对象时大脑皮质特定区域的磁场强度图。（受试者报告看到蓝条纹或红条纹时就表明大脑意识到了。）另一些数学方法则用来测量大脑不同部位的神经元群的同步激发，以此来确定折返式互动。

结果很惊人。当受试者没有意识到任何条纹时，大脑中一个长条区域仍然会有反应，这个区域从后部的视皮质一直延伸到前部与所谓的高级功能有关的皮质。当受试者报告意识到红条纹或蓝条纹时，反应的模式则非常特别。一些脑区的活动强度降低，另一些区域则增加；总体上，意识到一个对象时都会伴随着大脑反应强度40％到80％的增加（图13）。

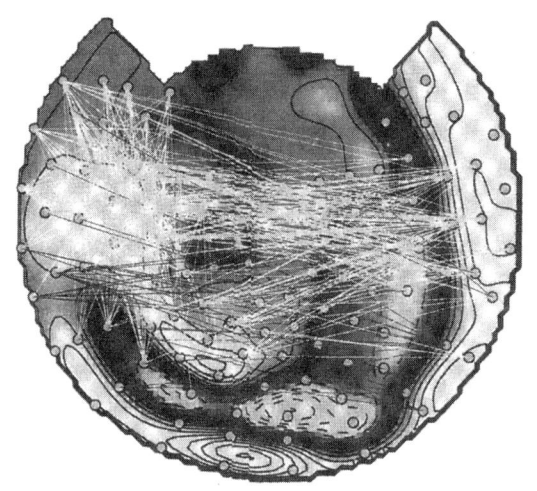

图13　与意识关联的神经过程，在双眼竞争期间用脑磁图描记法进行测量。图中的细直线表示受试者意识到某个刺激时，不同脑区表现出的强度同步增长。结果是用受试者意识到刺激时的测量结果减去没有意识到刺激时的测量结果得到的。图的上部表示皮质的前部区域。底下的明暗区域和轮廓线表示的则是通过测量磁场得出的大脑反应强度。这些发现支持了广义神经元群选择理论的预测，即折返是意识状态的核心机制

在一系列实验中，受试者的反应模式都各不相同。对短时段内远距离神经元同步激发情况的分析为折返式互动提供了进一步的证据。虽然各受试者都有类似的反应报告（对水平蓝条纹或垂直红条纹的"表征"），记录得到的模式却各不相同。虽然还没有对受试者进行长

期跟踪实验，但很显然，对于不同的受试者，无论报告如何相似，每种表征都与千变万化的折返模式有关联。

这里讨论的立场和实验可以得出几个结果。首先，神经生理学记录虽然很重要，却不能仅仅依靠它来掌握意识表征的丰富性。不过不要有误解——对C′状态的协同变化和因果关系的神经生理学分析是基础性的。但由于环境和身体到动态核心的输入的复杂性和简并性，各表征状态不会有唯一的对应，就像相似的感质不会有唯一的对应一样。尽管有对应于场景的神经状态类别，用"表征"一词来指称C′状态中高度易变和情境依赖的动态映射，却没有什么价值。

这种观点的另一个结果是，大部分认知心理学都没有确切的依据。没有功能状态可以唯一地等同于个体大脑中定义或编码的计算状态，也没有过程可以等同于算法的执行。事实上，神经元群有大量的选择，其简并性反应通过选择可以适应环境输入、个人经历和个人变化的丰富多样。根据这种观点，意向性和意愿都依赖于环境、身体和大脑的局部情境，但是都能通过这种互动选择性地产生，而无需通过精确定义的计算。至于胎儿自行引导的运动是否会导致一种"表征"，来表示自己的动作和受迫动作的差别，或者另一个极端，成人是否会立刻就能明白莎士比亚的某些隐喻和新词的意义，即非表征过程能以各种方式产生意识表征的观点与各种观察和可能的推论一致，也与高级意识通过语言的获取达到了巅峰的观点相呼应。

第 10 章
意识的理论和性质

　　有没有可能存在用简短的文字总结意识的理论？我认为不太可能，除非这个总结是针对那些和我们一路走过来的人。我会为这些读者尝试一下。

　　我的第一项假设是意识的生物学理论必须建立在全脑理论的基础上。这是因为我们必须面对高级大脑极大的变化性和差异性以及其对价值系统的依赖性。变化性必须用发育和进化的原理来解释。第二项假设建立在承认物理学原理必须被严格遵守和物理学约束的世界是因果封闭的基础之上。违反热力学定律的神秘力量必须排除。我的论点是，大脑和心智的计算机或机器模型不成立，这个论点与物理学不抵触。如果放弃对运作数字计算机必要的逻辑和时钟，我们就必须为大脑的时空秩序和连续性提供组织原则。这个原则的奥秘就是折返过程。

　　所有这些观点都包含在大脑功能的选择理论 —— 神经元群选择理论 —— 之中。根据这个理论，大脑的变化性和差异性不是噪声。相反，它们提供了构建由各种神经元群所组成的神经元库藏的必需因素。这些库藏之间的折返式互动保证了时空协调和同步，库藏间的组合则是由发育选择和经验选择决定。由于神经回路的简并性是作为选择过程的结构动态出现，这样就保证了关联式互动。

意识的理论需要提供感知分类和价值范畴记忆的组织原则。根据神经元群选择理论，感知分类通过全局映射的方式产生，全局映射连接各模块区域，并通过非折返式连接将它们连接到运动控制系统。根据这个理论，记忆是非表征性的，其必需的关联是简并式网络互动的产物。

有了神经元群选择理论作为前提，就可以提出一个更广义的理论来解释意识的神经根源。初级意识是调控价值范畴记忆和感知分类的大脑区域之间折返式互动的产物。这种互动导致场景的构建。这种互动的主要来源是动态核心，动态核心主要位于丘脑皮质系统。核心极为复杂，但是动态折返使得一些特定的亚稳态简并状态能产生一致的输出，并具有在高维感质空间分辨各种模式组合的能力。这种在统一场景中进行辨识的能力正是初级意识背后的过程所具有的。感质就是这种过程所蕴含的辨识。意识具有差异性、主观性和秘密性的部分原因是，身体不仅是感知分类和记忆系统的最早来源，而且贯其一生都是主要来源。

广义神经元群选择理论试图回答两个问题：①个体的感质是如何产生的？②个体产生的神经和心理状态的因果关系是怎样的？广义理论认为所有意识状态 C 背后都有一组神经状态 C′。根据世界的因果封闭性，是 C′ 而不是 C 具有因果效力。但由于 C 是 C′ 所蕴含的属性，C 就成了对主体来说唯一能得到的 C′ 的信息（图 14）。

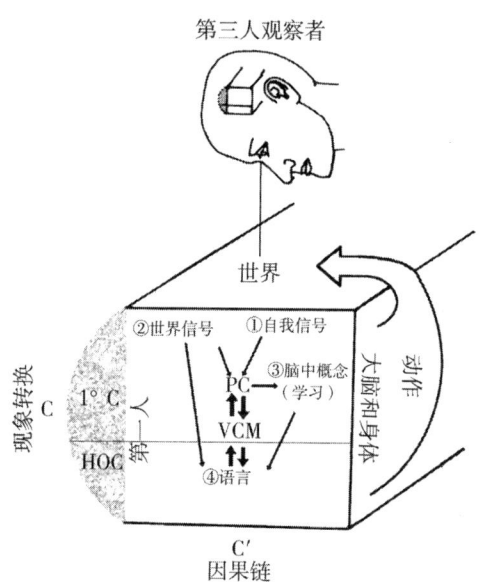

图14 产生初级和高级意识的身体、大脑和环境因果互动示意图。因果事件涉及来自自我和世界的信号导致对世界的行动，以及与动态核心其他相应事件（C′）的互动。对应的蕴含属性就是感质，组成现象转换的高级辨识，用左边的点域表示。加粗箭头表示折返；细箭头表示因果环。缩写的意思为：1°C=初级意识；HOC=高级意识；PC=感知分类；VCM=价值范畴记忆

必须认识到，从严格意义上说，C′并不导致C——在C′的发生到C的呈现之间没有时间差。不过前面提出了一种机制，说明C′如何诱发C这样的属性，其中就包含有随着神经动态变化持续展现的时序改变。这项机制还包含其他动态作用的特性。当皮质映射图通过折返的运作彼此绑定，这些动态作用就随之出现。其中包括填充（filling-in，例如我们都有对盲点熟视无睹的经验），以及各种完形（gestalt）现象。这种种特性都反映出意识场景的统一本质。但是，每一个统一的场景都旋即带出另一场景，并且还有在记忆和感知之间的循序自举导致的一系列分化的核心状态。

如果具有高级意识，就能意识到具有意识，拥有社会界定的可指名的自我，以及对过去和未来的概念。高级意识来自额外的折返能力的进化。当与初级意识有关的概念形成区域通过折返式回路与调控语义能力的回路连接起来，这个过程就发生了。高级意识出现于高级灵长类，在人类达到了最高级的表现形式，人类拥有真正的语义能力。用语法将词汇符号连接起来的能力表明折返的范围获得了极大的扩展。高级意识的涌现仍然需以初级意识为基础，但具有了标记等手段之后，人们就从记忆的当下的时间藩篱中解放了出来。

这个简要的总结与许多关系到意识状态的重要特征相一致。与其继续展开，将它们包含进来，不如简要评价一下广义神经元群选择理论的可检验性，然后看一看它的解释能力。意识的生物学理论必须从分子层面到行为层面都是可检验的。最有效的检验就是首先揭示意识的神经关联。前面曾讨论过，最近在神经科学研究所（Neurosciences Institute）用脑磁图描记术测量了人在意识到视觉对象时的大脑反应，实验揭示了这种关联。实验结果最让人印象深刻之处也许是发现了当受试者意识到对象时，皮质中范围广泛的折返活动的增加。其他实验室进行的实验还在不断扩展我们对于意识的神经关联的知识。

除了可检验性，一个完整的理论还必须帮助我们理解或揭示已知的意识状态的性质。这些性质分为三类，下面依次讨论。第一类是所有意识状态所共有的性质，我称之为一般或基本性质。第二类是与意识的信息功能有关的性质。第三类是与情感和自我观念有关的主观性质。表1中列出了各类性质。

　　我在这里的目标是证明前面总结的广义神经元群选择理论与这些性质相一致，并且为它们提供了生物学基础。至于这些性质的互动所衍生的信念、欲望、情感、思想等状态，这里不再详细讨论。一旦清楚了如何解释各种性质，就不难解释与这些组合状态的关联，哲学家们称这些为命题态度（propositional attitudes）。

表1　意识状态的性质

一般性质

1. 意识状态具有统一性、整合性，而且由大脑构建

2. 意识状态具有极大的多样性和分化性

3. 意识状态具有时序性和可变性

4. 意识状态反映出各种模态的绑定

5. 意识状态具有建构性，包括完形、封闭和填充现象

信息性质

1. 意识状态表现出内容广泛的意向性

2. 意识状态具有广泛的获取和联想性

3. 意识状态有中心 —— 周围、外围和边缘区域

4. 意识状态受注意力调控，可集中也可分散

主观性质

1. 意识状态反映出主观情感、感质、现象性、情绪、快乐和不快

2. 意识状态与在世界中的置身之处有关

3. 意识状态产生熟悉或生疏的感觉

首先考虑一般性质。所有意识状态都具有统一性 —— 对其的体验不能分割为独立的部分。在任何时候，意识场景都具有统一性。不可能故意或是通过高度集中注意力来将意识限制在场景中某个特定部分，而排除其他部分。然而我们却有可能体验到大量的意识状态或场景，而且意识状态会一个接一个出现。神经元群选择理论认为作为复杂系统的折返式动态核心正好能产生这种性质：它具有功能区隔的部分，但是在很短时间内就会整合。随着不同的回路被环境、身体或大脑激活，核心状态在几百毫秒之内就会转换。只有特定的状态才会稳定，从而被整合，正是这种整合导致了 C 的统一性。由于核心负责感知分类输入与价值范畴记忆之间的折返式互动，既然两者都不断变化，核心状态也就会跟着变化。核心的准稳定状态表示不同皮质区各种组态的绑定，而这是折返式互动所导致的。束缚态来自回路的简并集合：在回路中所有神经元群的贡献都是同步的，但彼此相继、非同步的不同回路的子集仍然有可能涌现出类似的输出。意识的时间特性就出自这些过程。

这些神经活动解释了 C 状态统一、整合却又分化的特性。但也有必要指出，根据神经元群选择理论，大脑必然是建构性的。折返式选择网络的整合特性的一个表现就是填充和完形。折返式动态过程涉及皮质映射之间优势的转移。综上，再加上选择单元是具有不同特性的神经元群，于是某一特性取得优势地位或与另一特性合并这样的高级整合才会涌现。在各种视觉、听觉或躯体感觉的错觉中都可以看到这种现象。事实上，神经科学家和心理学家为突出某些特性精心设计的错觉输入，与平常环境中更均衡的信号输入流比起来，更有可能倾向于某些特定的折返映射。意识本身是内部建构现象。我这样说的意思是，虽然感知输入在最初很重要，但很快大脑就会超越所得到的信息，甚至在没有外界输入或不向外界输出的情况下创造意识场景（就像在快速眼动睡眠期那样）。这种场景受参与感知和概念形成的大脑区域的折返式连接调控。

这些观察引出了一个重要的问题。相继发生C′状态导致基本平滑的C状态，为何会没有停滞或产生干扰？我只能给出一个推测：C′状态的链接与循环连锁的折返式互动有关。即便是简并性回路，这样"环链"和重叠的互动也会优于线性连接的动态回路（图15）。虽然目前我们还没有办法验证这个假说，不过还是值得考虑一下。

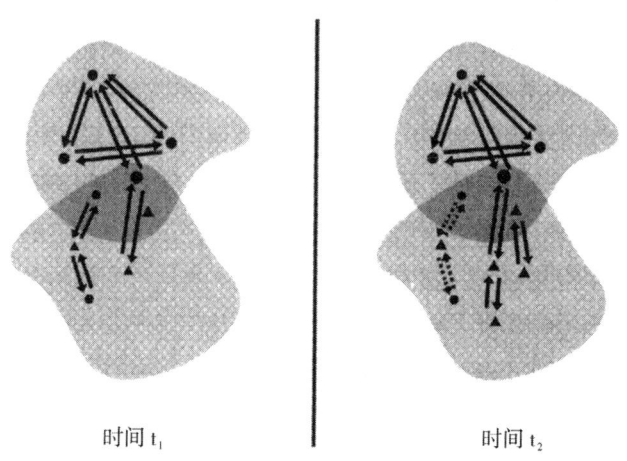

时间 t_1 时间 t_2

图15　折返优势假说。循环连锁性的折返通道比线性通道更有可能持久。点线表示没有连接到循环回路的线性通路的折返信号的衰减消失

一些人反对这个假说，认为离散的神经元的不连续激发不可能产生出现象转换的统一"连续的"场景。这种观点没有考虑到大量神经元群的激发在时空上的重叠分布。另外，由于折返回路的动态、特定

神经元群的优势竞争以及范畴记忆的作用，大脑总体上是倾向于建构性的。盲点填充、似动现象以及完形现象都可以用折返式回路的时间同步解释。对时间、相继和持续的感觉也是这样。折返式的大脑不计一切代价，将概念、感知与记忆和新的输入结合到一起形成一致的图景。

尽管意识状态具有统一和建构的特性，意识场景的细节还是非常丰富的。这大部分归功于物理环境实际展现的丰富信号，它们经过各感官模块的过滤，再由记忆进行调制。意识场景的具体内容显然依赖于是否有这种过滤。缺乏视觉皮质区Ｖ４的先天盲人永远也无法知道红色是怎么回事。不过由于还有大量其他并行的同时信号，例如听觉、触觉和动觉，盲人可以建构出一片"空间"，并以此示意一系列功能和行为。总体上，意识的内容有赖于特定模块的皮质区是否功能正常。人的现象体验依赖于这些模块，并且就像我曾强调的，这些模块的现象层面无法通过解释来复制。再精准的意识理论也无法告诉那位盲人红色是什么感觉。

这些因素决定了意识和主观体验的"不可还原性"。有些人认为我们必须将意识体验"还原为"神经活动，这种还原会导致范畴错误。感质是具有高级辨识能力的神经过程的属性，这一点并不能消除它们所代表的主观体验。

有了以上对意识的一般性质的解释作为基础，我们现在可以来看看所谓的信息性质，它们提供的信息反映了在Ｃ′状态中的进出。首先来看意向性，这个词是心理学家布伦塔诺（Franz Brentano）在19世纪提出的。这个属性指的是意识指向或关涉的处于世界中的对象或事件状态。并不是所有的意识形式都具有意向性，也并不是所有的意向性状态都必须是意识。不管怎样，这个词不等于"打算"——打算是意向性的，但"意向性"表示的是参照状态，范围要大得多。广义的神经元群选择理论认为，意识状态的初始发展依赖于与由价值系统引导的感知分类的互动。既然高级脑功能的这个基本层面依赖于世界和大脑通过各种模块送来的输入，那么意向性在意识感知和记忆状态中都是中心属性就不足为奇了。不过很显然，并不是所有的意识状态都是意向性的（例如情绪）。

意识底层状态的信息性质的另一个方面是丰富的联想性，并且能够广泛提取感觉、知觉、记忆、意象以及它们的各种组合。折返式动态核心遍及整个皮质的广泛映射与这种性质一致。例如，在意象中用到的折返通路基本与初级视觉感知用到的一样，再加上其他关联通道。联想性是从构成核心的丘脑皮质回路的折返式和简并式互动中涌现出来的。非表征性记忆也具有简并性，这样就可以确保，除了用于回忆的特定回路，还有各种回路可用于丰富的联想。

核心活动的复杂功能性聚团的运作必然会伴随有意识场景的环绕和边缘效应，这些都受基底核回路的非意识活动影响。由于核心运作的快速可变性和亚稳定性，再加上关联性折返绑定的建构性质，意识场景的边缘可想而知会有波动。以眼睛和眼动为例。视网膜中央有一个高分辨力的区域，称为中央凹，而眼睛本身是以快速跳动的方式运动，这称为眼跳。就视觉而言，虽然场景在"边缘"内显得相当均匀，中央凹的分辨力却显然要更精细，虽然人们没有意识到这一点。

大脑从视神经接收信号后，大脑状态会在精确性和包容性之间进行各种折中，从而使得眼跳和平滑眼动"绘制出"更均匀、构建性的场景。这又是一个建构性填充的例子，其必然导致边缘的变化。

这就把我们带到了复杂的注意力问题，我认为涉及多重机制。其中包括受皮质—皮质间互动调制的C′状态导致的C状态的相对分散，丘脑网状核的门控作用，以及由基底核运动皮质回路调控的高度集中的核心状态。我们没有注意那些"受阻的"运动状态，但理论表明，这种注意力高度集中的意识状态，其基础是向肌肉输出的回路没有加入到核心。在集中状态中，核心被调制到这样一种程度，感觉就像是被深度麻醉了，除了集中注意的地方，完全无视意象、场景或思想的其他层面。具体的调制机制目前仍不清楚。一个可能是全局映射通过基底核向丘脑抑制性输出，从而产生特定的核心反应，并抑制其他反应。具体细节还需研究。不管怎样，注意力都很有可能是受一系列路径和机制影响。我们曾讨论过专注学习和自动化的互动层面，这些牵涉到一个问题，那就是先前意识通过专注学习得到的自动路径是如何有意识地提取和链接到一起的。有观点认为，这是通过丘脑皮质核心与基底核（可能还涉及小脑）的互动实现的，这个观点还有待证实。

现在来看看与主观性有关的性质。通过最初的身体感知范畴体验，从C′状态到C的现象转换，是主观感觉和自我观念的主要来源。我曾提出，所有意识体验都具有多重感质。单一的感质，例如"红色感"，不可能组成整个意识体验。根据广义的神经元群选择理论，我们体验到一个多维度的感质空间和意识，反映了我们具有高级辨识的能力，这种辨识其实就是空间中的感质。显然，不同的感觉模块会有不同的辨识能力。它们的内容依赖于动态核心的皮质互动的具体范围，由注意力调制。这与意识场景的统一性和分化特性是一致的。

这就引出了一个问题，自我是如何通过身体、环境和记忆的贡献，持续扮演中心角色。有两个贡献似乎是基础性的。一是现象转换，受各种模块影响，早期还受价值系统、自主反应和本体感受的影响（图7和图10）。这些系统由于具有身体调节功能，终其一生都必须与来自感知模块的其他输入一起并行持续运作。

对自我指涉的现象性贡献受到另一项贡献的强化，即皮亚杰的自我概念，其对内部引导产生的运动与外部引导的运动进行区分。这个区分可能发源于子宫中的胎儿后期，但肯定要等到出生后的早期发育阶段才出现。它提供了一个参照标准，据此可以根据动觉输入来区分自我和非自我，除了明显的感官输入之外，动觉输入可能也同时分别作用于感质空间。

自我辨识的第三种形式可能是之后作为高级意识的一个属性发展出来。这就是个体化（individuation）的意识过程，即能够认识到其他人的自我和心智。对于这个过程，神经元群选择理论可以从情绪、学习和社会对自我发展的影响之间的关联来解释，至少对于具有语义能力的物种来说，解释起来并不困难。

在社会性发展之前，对情境和熟悉性的感觉的源头可以与自我发展的现象和自主运动层面联系起来。当然，对于身体状态感知分类背后的机制还有很多具体细节有待研究。已经清楚的是，记忆系统之所以能造就这样无所不及的分类范畴，就是因为其与源自身体各种调节系统的输入的互动。不仅如此，情感反应和价值系统与大脑自我平衡功能的互动在初级和高级意识中都扮演了重要角色。

最后，除了表1中所列的，还有一些内容也值得强调一下。意识的基本和一般性质都不可或缺，同时每一个信息特性和主观特性的贡献幅度也都是变动的。变动与价值系统、学习经验、情感和注意力机制的波动有关联。显然，意识的所有属性都随着经验变化，这极为依赖于针对动态核心的输入。

不难想象，通过表1中的属性的混合和各种互动，人们也可以理解信仰、欲望、情感反应等复杂心理活动的来源。根据经验和语言技巧的存在，甚至有可能用各种属性在经验期的互动来解释逻辑思维的涌现，这并不牵强。至于这种连接的建立有多紧密，还有待研究。有一点很明显，对于所有的复杂表现，无论是理性的还是不理性的，意识及其底层的 C′ 状态都极为重要。

第 11 章
同一性——自我、死亡和价值

除了分析因果性和现象转换，意识理论还必须解释主观性。主观性并不单纯是同一性或个体性。它还包括所拥有的独一无二的意识经历，其背后的神经状态具有精细的辨识能力，不仅能提供主观体验，还能影响行为。

所有多细胞生物可以说都有独一无二的生物特性，这是由遗传和进化选择的本质决定的。对于具有适应性免疫系统的动物，这种特性对于生存很重要。但是在认知系统进化和意识出现之前，自由表现的自我虽然也有丰富的独特行为，但仍然很受局限。在初级意识出现以前的确进化出了学习和通讯系统。像蜜蜂或马蜂这类生物表现出了惊人的群体适应行为，而这在一定程度上有赖于个体差异。但是与具有意识的动物个体的行为比起来。这类完全社会性的昆虫群体的表现在特性上更偏向统计性，较欠缺自主性。

我们不知道初级意识是什么时候开始进化出现的。不过，通过比较人类和其他脊椎动物中对于初级意识的表达所必需的同源神经结构（例如伴随特定行为模式的丘脑系统和上行价值系统），我们可以有把握地说，脊椎动物的初级意识最早是在爬行类进化为鸟类时出现，其后又在爬行类进化为哺乳类时出现。

　　如果个体具备了构建涉及价值 — 范畴经验的场景的能力，就标志着自我的出现。具有自我的生物能根据过去的学习经验进行丰富的辨识，并且至少在记忆的当下中能利用意识进行计划。通过动态核心的复杂整合，再加上行为经验和个体的学习记忆，各生物个体必然出现独特的适应性行为。

　　个体的情感反应有赖于扩散上行价值系统，例如蓝斑核（locus coeruleus）、中缝核（raphé nuclei），各种类胆碱和多巴胺系统，以及几个下丘脑系统。其他自主系统和负责身体反应的脑干核群，则构成了体内平衡、心肺和调节情绪的激素活动的重要基础。除了大脑中基本的自我调控系统提供的信号，还有随着各种运动出现的本体感受和运动知觉。具有初级意识萌芽的个体已经能接收来自运动控制系统的"自我输入"。前面曾提到，发育晚期能自发动作的胎儿甚至也可能分辨大脑输入是来自自身的身体运动还是外界的运动。有足够证据表明，来自价值系统和本体感受系统的输入能与模组感官输入结合，产生出某种最早期的意识体验。无论随着经验发展会产生些什么样的感质，这类基本的适应系统有可能在个体的意识生命中一直处于中心地位。

　　如果是这样，再加上动态核心的活动，个体自我就必然具有一种既整合又基本不变的"观点"。从而，如果问初级意识中场景的出现是否有"观察者"，答案很可能是，观察者是以一种持续的方式由上面考虑的整合身体反应构成，而且这种反应与记忆和感知输入有关联。

有必要说明的是，从某种程度上来说，"观察者"的思想是不恰当的：第一人称就是直接在场。通过来自身体的持续不断的感知运动信号，主观性成了意识个体日常生活中的基本主线，永不消失。但并不需要有一个内在的观察者或"中心的我"——用詹姆士的话说，"思想本身就是思想者"。

当然，如果没有语义能力，高级意识就不可能出现。初级意识产生的自我不能将记忆状态符号化，产生真正的自我意识或对意识的意识。只有在高级灵长类和最终的智人中进化出必需的折返式回路后，自我的观念才随着过去和未来的观念出现。作为具有意识的人类，虽然我们体验到赫拉克利特幻象，感觉当下的时间点从过去一直延伸到未来，但只需稍加反思就能明白，与物理时空的实际耦合只发生在初级意识的"记忆的当下"中。作为具有高级意识的动物，过去和未来都只是观念建构。

我们必须抵制诱惑，不对心智状态和表征进行划分或过度定义。高级意识通过高维空间中的感质体现出来，感质通过整合产生出场景，有一个关注的中心点，不断变化，意识边缘也不停移动，永远不会仅仅聚焦于一个表征。举个例子，你不可能只意识到一个红点，其他的则完全没有察觉。这种构建性整合能生成结合了多个辨识的统一表征，与有局限的标记表征比起来，更有适应优势。

因此，这种多维度的和情境化的辨识能力就具有适应价值。虽然不具备绝对的精确性，却能提高我们在丰富的环境中类化、想象和交流的能力。高级意识可以被认为是在绝对的精确性和丰富的想象空间之间的折中。虽然我们统一的意识场景不一定能通过实证检验，但在放弃精确性的同时却增加了计划和创建创造性方案的能力。我不认为这是一个巧合。生物系统无处不在的简并性在神经系统中尤为引人注目，在具有意识的大脑的折返式选择回路中更是达到了一个高峰。在特定的环境中，自然语言从含糊性中获得的力量不低于其在另一些环境中从逻辑定义中获得的力量。联想和隐喻在很早的阶段就有力地伴随着意识体验，在有了语言体验之后则进入了全盛时期。

　　对于具有意识的人类大脑的运作，尤为惊人的是整合对于统一的场景、建构和封闭的必要性。对盲点的熟视无睹、各种视错觉、体感错觉和听错觉都表明了这一点，最惊人的是神经心理症候群。疾病失认症（anosognosia）和半侧忽略症（hemineglect）患者否认偏瘫的左手和左臂是自己的，体妄想精神病（somatoparaphrenia）患者则在外力触碰她麻醉或偏瘫的左手时坚称碰到的是她姊妹的手，不是她的，此外还有异己手综合征（alien hand syndrome）患者，虽然这些病人在某方面通不过实证检验，但都不是精神病。无论是健康还是患病的意识大脑，都会整合所能够整合的，并坚持一种断裂或破碎的“现实”观。我认为，这些现象都反映了，无论还留下了哪些脑区和映射可供整合，全局折返式回路形成封闭循环都是必要的。通过控制世界和身体信号，正常人也会产生错觉。就像曾讨论过的，我认为错觉反映了互动折返式映射中优势模式的变动。由此我们得到一个教训，那就是我们的身体、大脑和意识的进化并不是为了产生对世界的科学图景。相反，对环境的充分适应才是根本，虽然情感和想象的存在无关于也不可能有精确的第三人称描述。

对于像我们这样具有高级意识的动物，这些运作提供了对想象、情感、记忆、快乐和不快、信仰和意图 —— 所有的意向性状态和情绪状态 —— 的丰富混合。任何两个社会界定的自我（在言语群体中必然是社会界定的）都不可能会有一样的大脑状态 —— 蕴含C状态的C′状态。但这类个体能够交换信息，即便是在错误地相信他们的C状态具有因果效力的基础上。这种信念是安全的（虽然经不起科学检验），因为进化设定的折返式回路使得C状态作为C′状态的属性产生。事实上，C状态是我们获知C′状态信息的唯一可靠途径。

这个观点并不矛盾，它也不是二元论，或是让物理主义哲学家备受折磨的古怪的副现象论（epiphenomenology）。C′状态必然蕴含C状态，自我通过C状态获得C′状态的因果产物。也许有一天神经生理学能发展到可以实时记录C′状态，并以一种几乎确定性的方式预测下一个C′状态（或就此而言，C状态），不过就算有这一天，肯定也是很久以后的事情。但随着进一步的实验，作为意识的神经关联的C′状态的大体模式还会不断被发现。

对于自我是如何产生的问题，如果这幅基于脑的图景是正确的，那就会有一个很无趣的结论：我们都难免一死。一旦C状态的基础被破坏，作为动态过程的自我就会停止存在。有些人觉得这个结论难以接受，就像有些人难以接受我们不是计算机的思想一样。高级意识必然允许存在与事实相抵触的信仰，那么就让每个自我自行寻找慰藉吧。无论我们信奉怎样的信仰体系，我们生命中个体经验的丰富性都始终是宝贵和无可替代的。

最后还有一点，与支持或驳斥不朽的需求密不可分。这一点涉及价值在事实世界中的地位问题。基于物理学普遍性的科学世界图景本身并不需要价值，它们也无需在无生命的世界中提供证据。如果我们对于意识生物和进化的认识是正确的，那么对于进化选择和具有高级大脑的动物的神经元群选择来说，价值系统都是必要的约束。但这并不意味着高级社会价值也是遗传决定的。事实上，这意味着这类价值的产生受适应系统的约束，尤其是对于有意识的个体。虽然价值有生物学基础，但只有通过历史的际遇和社会交流，作为人类的我们才会建立起这样的价值。至少在宇宙中的这颗星球上，折返式动态核心及其 C' 状态的进化涌现确保了价值在事实世界中的地位。事实上，从因果论的观点看，反过来也是成立的 —— 只有在选择性的大脑中出现价值系统以后，才为意识的现象天赋奠定了基础。

第 12 章
心与脑——一些结论

关于心脑问题的许多混淆都源自语言。还有一些则源自对研究意识时我们应当采取的程序的误解。对意识的研究必须承认第一人称（或主观）的立场，这一点与物理学不同，物理学是对意识和感知进行假定，然后从上帝的角度来看问题。作为研究他人意识的第三人称观察者（图14），我必须假定研究对象的心智过程与我自己的类似。然后我还必须设计各种实验程序来检验受试者的报告，寻找其神经或心理反应的一致之处。

这样得出的意识理论不能违反已知的物理、化学或生物学定律。特别是，它必须承认物理世界是因果封闭的——只有力和能量才能具有因果效力。意识是神经过程的属性，其本身不能在世界中有因果效力。意识作为一个过程或蕴含的属性，是通过具有特定结构和动力学的复杂神经网络的进化产生的。在意识涌现之前，必须进化出特定的神经构造。这些构造导致折返式互动，正是折返式网络的动力学为所蕴含的意识属性提供了因果基础。进化之所以选择这种网络是因为它们提供了高层次的辨识能力，这种能力在应对新奇事物和进行计划时具有适应性优势。

意识反映了在无数选择中进行区分或辨识的能力。这些区分不到一秒就能完成，而且不断变化。作为现象体验序列的意识必然是因人而异的，它与个人的身体、大脑以及各自与环境的互动经历密切相关。这种经历是独一无二的 —— 任何两个个体，即使是双胞胎，都不会有一样的意识状态。事实上，即使是同一个人，两个意识状态相同的可能性也微乎其微。根据这种观点，没有底层的神经变化就不会有心理变化，但反过来则不一定。许多神经变化对由感质所反映的神经状态的现象特征没有影响。

感质是高级辨识，意识场景则可视为感质的序列。这种序列是对来自世界、身体和大脑本身的大量事件信号的体验。这类事件具有高度的多重性和潜在并行性，感质则包含在一幅整合而又变化的场景中，场景涵盖的体验范围广泛。其中包括知觉、意象、记忆、感觉、情感、情绪、思想、信念、欲望、意向、运动图景以及丰富而模糊的身体状态信号。这些变化的体验初看似乎差异过大，无法由这里提出的意识涌现的机制完成。但我们必须记得，在大脑这样高度连通的复杂系统中，皮质和皮质下区域组合互动的整合可以产生出非常多的状态。

无论是在初级意识还是在高级意识中，折返式动态核心的功能都可以通过集中注意力和记忆底层的大脑机制调节。丘脑和基底核等皮质下结构能调节核心状态的注意力凝聚作用。从这个意义上说，意识状态既非常依赖于非意识的感知分类机制，同样也非常依赖于非意识的注意机制。

既然意识是源自动态核心的折返，它也必然是由折返整合的。对于主体来说，意识表现为统一的过程，并且由于折返导致的捆绑和同步作用，大脑就具有了建构性。

但就像曾说过的，核心和与其互动的非意识区域的变化也可能会导致一些病症表现出的异常意识状态。若处于这类病理状态，或被引导进入催眠状态，核心也有可能分裂成几个独立的核团，甚至被建构性地重塑。胼胝体和前连合的切除导致的分离综合征（disconnection syndromes）必然导致核心的分裂。这也可能是歇斯底里等解离性综合征（dissociative syndrome）的主要根源。核心的重塑还有可能导致盲视、人脸失认症、半侧忽略症等神经心理疾病。这些病症有可能是核心的优势折返反应被建构性地重置了，从而导致意识和非意识能力的重新分配。

无论是正常还是异常状态，大脑都不断从环境和身体采集信号，但更多的是来自其自身的信号。无论是在快速眼动期的睡梦中还是意象中，或者是进行感知分类时，各种感觉、运动和高级概念处理都在不断进行。由于记忆和意识的底层机制，感觉和运动元素都一直发挥作用。以知觉为例，运动元素对其也有贡献（不过没有动作输出），而这是由于全局映射运动前区的贡献。而在视觉意象中，用于直接知觉的折返回路也有参与，但没有外界信号对其进行更精确的约束。在快速眼动睡眠期，大脑在一种特定的意识状态中只同自己交谈，这种意识状态既不受外界感觉输入约束，也不负责运动输出。

在所有这些过程中，初级意识与时间的改变一直有关联。初级意识有跨时间的结构，因而也必然是历史性的。不过初级意识只关系到当前时刻的接续时段 —— 记忆的当下。有意动作、神经反应和意识察觉之间的时段间隔都不超过500毫秒，如果人们理解了非意识自主与有意识计划之间的关系，这点就并不奇怪。意识不涉及自主行为过程（除非是学习自主行为的过程中），但却关系到计划和创造自主行为形成新的组合。

在这本小书的前言中我曾说过，我希望让那些认为意识的论题是完全形而上学的或必定是神秘的人能解放思想。要让意识研究能革除根深蒂固的二元论、神秘主义和超乎常态的臆测，并且不必去援引量子引力这类性质尚未明确的另类物质尺度，是一项极为艰巨的任务。这项任务有些部分涉及语言的使用。在对此进行了解释后我必须回应一项指责，认为我屈从于副现象论的悖论。这种观点是二元论的表兄弟，也是对"僵尸说话"立场的纵容，必须重新审视。我认为这种观念之所以难以接受是因为没有注意到意识属性的神经关联。既然蕴含C状态的神经过程C′是具有因果效力的，也是可靠的，我们就不会导致悖论。C′是在复杂领域进行辨识的能力的基础，而C′所蕴含的属性C状态就是这些辨识。

这种关系让我们在谈论C时就好像它具有因果效力。在大多数情境中，因为这种关系很可靠，就不会有什么问题。但如果我们想抛开物理学或是赋予C神秘力量时，就会带来危险。C′与C之间的蕴含关系澄清了这个问题，并借助明确的神经基础将感质界定为高级辨识。根据这个立场，没有意识的僵尸就从逻辑上不可能了 —— 如果它有C′过程就必然会蕴含C。当然，我明白这样的分析澄清还必须通过对C′与C的关系进行实验来证明。但就像方程式 $F=mA$ 中的质量比例常数和假设真空中光速不变一样，前面的分析也能简化科学中一个最具挑战性的问题。

不用说，我知道有些人希望能通过科学的分析来解释"感质的具体感觉"——感到温暖时的温暖感和看到绿色时的绿色感。我的回答仍然是一样的：这些都是表型的属性，而意识的任何表型体验的都是各自不同的感质，因为感质就是所做的辨识。解释这些辨识的基础就足够了，就像在物理学者用质量和能量解释就可以了，不用再解释为什么有这些。我们的理论所能做的就是这个，指出不同的大脑模块和功能背后神经结构和动力学的区别。

最后，可以来做一些总体评论了。我所采取的观点强调大脑具有建构性、不可逆性和变异性，却又具有创造性。这些性质可以在神经达尔文主义这样的大脑功能选择理论的基础上进行解释。这个理论反对任何不成熟的历史事件还原论，因为它是建立在群体思想和达尔文进化论的基础上。另外，还有一点值得指出，作为 C' 的蕴含属性的 C 并不与审美和道德判断相抵触，因为对 C' 这样的意识系统的约束最终还要依赖价值系统。

循此思路，前面还曾提到过，有两种主要的思维模式——逻辑和选择（或模式识别）。两者都很有力，但创造性是来源于模式识别，例如对数学中的公理的选择就是这样。已嵌入计算机中的逻辑可以用来证明定理，却不能选择公理。虽然逻辑不能创造公理，它却能用来消除多余的创造性模式。大脑在语言产生之前就能有模式识别功能，因此大脑活动能产生出所谓的"前隐喻（pre-metaphorical）"能力。这种类比能力，尤其是最后与语言结合之后的力量，有赖于神经网络的简并性导致的联想性。随之而来的隐喻能力的产物，虽然不可避免地很含糊，却极具创造性。就如我曾强调的，逻辑可以用来消除这类产物的过剩，本身却不具有同等的创造性。如果说选择论是我们思想的女主人，逻辑就是管家。两种思维模式之间的平衡和它们的神经基础无尽的丰富性都通过意识体验显现出来。也许有一天，我们可以构建人工意识，并将这两种模式都嵌入进去，就算这样，我们作为人类所拥有的特定意识形式也无法被复制，并将仍然是我们最伟大的天赋。

名词解释

动作电位(Action potential)沿着神经元细胞膜从细胞体传向突触的电脉冲。

适应性免疫系统（Adaptive immune system）脊椎动物用来识别外来分子、病毒和细菌并对它们做出反应的手段。免疫系统建构有庞大的抗体库，各具特定的潜在结合部位，从而发挥作用。

疾病失认症（Anosognosia）这种病的特点是病人否认自己有病或是意识不到疾病存在。特别常见于右脑皮质中风的病人。

失语症（Aphasia）在大脑受损后言语生成或理解语言的能力受损或丢失。

脑区：额前叶、顶叶、颞叶、视觉区、听觉区、体感觉区、运动区（Areas: prefrontal，parietal，temporal，visual，auditory，somatosensory，Motor）调控某个或多个感觉或运动反应的大脑皮质区域。如果是首先接收来自丘脑的投射就称为初级脑区。

联合区（Association areas）初级感知或运动区以外的脑区。

关联性（Associativity）不同脑区、功能和记忆相互连接、关联的特性。

注意力（Attention）从大脑得到的大量感觉信号中有意识地选择特定特征的能力。

自动（Automaticity）有意识练习的行为转化为非意识习惯行为。反映在程序记忆的某些方面。

自主神经系统（Autonomic nervous system）基本无意识的脏腑神经系统，由控制体内环境的交感神经和副交感神经组成。前者负责"战或逃"反应，后者负责"休息和消化"。主要受下丘脑调控。

轴突（Axon）神经元的突出结构，向突触传送动作电位。

基底核（Basal ganglia）五个大核团连在一起形成的核群，位于前脑中央，通过丘脑与皮质的非意识互动，调控动作和自主反应。

捆绑问题（Binding problem）不同皮质区或模块如何同步和一致地动作（运动、颜色、方向等都同时进行），即使各由不同区域负责，也不存在上一级负责总管的区域。这个问题应该是通过折返解决的。

双眼竞争（Binocular rivalry）同时向两只眼睛提供不相干的输入（例如垂直条纹和水平条纹）时，知觉随着时间交替变化的现象。

直立姿势（Bipedal posture）依靠后肢行走和负责承重的挺直站立，将前肢从这些功能中解放出来。

盲视（Blindsight）一些病人在意识视觉体验完全消失的情况下，在测试中却还能根据视觉刺激做出基本准确的反应。

大脑动力学（Brain dynamics）各种脑部活动的功能性（即电或化学）复合体，有别于这些活动在其中进行的生理结构。

脑扫描（Brain scans）追踪活体受试者大脑动力学的各种非介入式技术。包括功能性磁共振造影（fMRI，functional magnetic resonance imaging）和脑磁图描记术（MEG，magnetoencephalography）。

脑干（Brainstem）丘脑、下丘脑、中脑和后脑组成的大脑区域。后脑又包括小脑、脑桥和髓质，其中小脑一般不包括在脑干中。

布洛卡区（Broca′s area）位于左前额叶的一个区域，受损会导致言语生成困难或运动型失语症。

C 和 C′ C 指代所有意识过程；C′ 指代其底层的神经活动。

因果效力（Causal efficacy）力或能量在物理世界中的作用会造成影响或导致物理结果。

因果性（Causality）根据物理定律，因果序列是封闭的——也就是说因果性不受感质这样的心理属性直接影响。

细胞体（Cell body）神经元含有细胞核和 DNA 的部位。

细胞迁移（Cell migration）在大脑形成过程中，神经元或其前体细胞的形态化运动。

小脑（Cerebellum）连接到脑干的大型结构，参与协调运动。

大脑皮质（Cerebral cortex）在大脑球面上由六层神经元组成的覆盖层（灰质）。皮质折叠成回旋状突起（脑回，gyri）和间隙（脑沟，sulci）。

细胞膜通道（Channel）细胞膜上允许离子进出的分子结构（一种蛋白质）。

胆碱核群（Cholinergic nuclei）能由神经递质乙酰胆碱激活的神经元集群。

克隆（Clone）单细胞的无性繁殖。

完形；填充（Closure; filling-in）大脑以可行的交互方式整合信号的倾向。填充的例子包括对盲点的熟视无睹，以及疾病失认症中发现的各种否定的例子。

耦合音（Coarticulated sounds）同时混杂了不同频率和能量的声音，例如说话声或音乐声。

一致性（Coherence）远距离神经元群或功能群体的同时或同步活动。

组合（Combinatorial）定量描述不同系统或部分的各种互动的数学运算。

复杂性（Complexity） 许多不同成分或部分组成的系统，各部分相互作用产生出整体上的效果，这样的系统就称为具有复杂性。

计算（Computations） 狭义上可以理解为计算机通过程序执行算法的过程。

计算机（Computer） 利用各种算法或有效过程组成程序，执行逻辑运算并产生输出的装置（这里就是由硬件和软件组成的数字计算机）。参见图灵机。

连锁式折返环路（Concatenated reentrant loops） 形成相互交叠的环的折返式结构。

概念（Concept） 一般指表示抽象或一般性思想的命题。用在这里指的是大脑将其自身的感知活动进行分类和构建"一般性"的能力。

胼胝体（Corpus callosum） 连接左右半脑相似区域的大型纤维系统。这个纤维丛切除或受损会导致裂脑患者表现出分离综合征。

相关性(Correlation) 用来描述和量化两个系统之间非随机关系的统计术语。

皮质：初级、次级、第三级（Cortex：primary，secondary，tertiary） 有些过时的术语，用来区分直接接收感觉输入的皮质或调控直接输出的皮质（初级皮质）以及与这些区域相连的"高级"区域（关联皮质）。

皮质半球（Cortical hemispheres） 构成前脑主要部分的两个（左和右）大型结构，表面覆盖有皮质。

皮质纹状体（Corticostriatal） 从皮质到基底核的输入核群的轴突投射。

协方差（Covariance） 量化两个或多个变量相关变化的统计术语。

简并性（Degeneracy） 不同结构执行相同功能或产生相同输出的能力。

树突（Dendrite） 神经元的众多突触后（输入）分支之一，在称为树突棘的部位接收轴突连接形成突触。

发育选择（Developmental selection） 神经元群选择理论（TNGS）的第一原理。指的是发育期间形成的大脑微观结构中的各种回路组成的大量库藏。

可分化；分化（Differentiable; differentiated） 用来指称意识体验以明显不受限制的方式从一个统一场景变为另一场景的现象。参见统一性。

直接和间接通道（Direct and indirect pathways） 基底核中的两条主要通道，导致丘脑核群受基底核活动的激励或抑制。

辨识（Discrimination） 意识系统通过整合的场景和感质对各种信号或模式进行分类、区别或分辨的能力。

分布式系统（Distributed system） 分布广泛和区隔的神经元群仍然能通过连接互动，并产生整合的反应或输出（参见复杂性）。皮质是分布式系统。

多巴胺核群（Dopaminergic nuclei） 利用多巴胺作为神经递质的 4 个主要

系统。它们组成了一个价值系统，参与到学习奖惩系统。多巴胺突触是抗精神病药物的主要靶标，尤其是精神分裂症。

二元论（Dualism） 认为世界中的事情必须用两种不同并且不可还原的原理来解释。哲学上最著名的鼓吹者是笛卡儿，他将世界分为广延之物（*res extensa*，服从物理定律）和思维之物（*res cogitans*，不可知）。

动态核心（Dynamic core） 在广义神经元群选择理论中用来指形成了功能性聚团的互动系统，被认为主要位于丘脑皮质系统。核心主要同自己传递信号，理论认为它的折返式互动导致了意识状态。

生境（Econiche） 物种所处的环境，自然选择发生的地方。

嵌入性（Embodiment） 认为心智、大脑、身体和环境一起互动产生行为的观点。在某种意义上用来驳斥"非嵌入式心智"或二元论意识的思想。

情绪（Emotion） 情感、认知和身体的复合反应，反映出意识大脑中价值系统的作用。包括形形色色的熟知显见和为读者所的反应。

脑啡肽（Enkephalin） 一种小分子缩氨酸，属于内生性类鸦片物质（大脑生成的类鸦片物质）。它们能引起痛觉缺失或镇痛。

蕴含（Entailment） 一种衍推关系，用在这里表示 C′ 过程和 C 之间的关系。C′ 蕴含 C 为属性。因此 C（意识）就是大脑的物理过程（主要位于动态核心）所蕴含的。

熵（Entropy） 在物理学中用来度量有序和无序。在信息论中用来度量不确定性的减少。系统不同状态的数量与各状态出现的可能性的加权可以与熵关联。

外成（Epigenetic） 不直接依赖于基因表达的生物过程。例如"同时激发的神经元连接到一起。"

副现象（Epiphenomenal） 不具备因果效力。例如，计算机控制台的光闪可以消除，不会影响计算机的内部过程。哲学家争辩 C 是不是副现象，一些人发现这会导致悖论。本书的观点是，只要正确理解就不会有悖论。

情景记忆（Episodic memory） 对过去事件的记忆，由海马体与大脑皮质的互动调控。移除海马体会导致手术（或损伤）后失去形成情景记忆的能力。

进化（Evolution） 生命的涌现和生存背后的过程。归功于达尔文的几项理论，核心是自然选择。

经验选择（Experiential selection） 神经元群选择理论的第二原理，说的是功能性神经回路的次级库藏是在存在的神经生理的基础上通过选择性加强或弱化突触效能从而形成的。

解释的鸿沟（Explanatory gap） 哲学家们用这个词来强调将意识现象与大脑的神经运作联系起来的困难或不可能性。

反馈（Feedback） 这个术语在控制论中有严格的使用，表示从输出取得误差信号，以纠正输出的偏差。例如，假设用放大器放大正弦波，输出有畸变，就可以将误差信号通过一条信道送回到前面，通过调整动力学来产生正确的波形。反馈总是从输出送回到前面的阶段，折返则可以出现在系统中相同或不同层次中并行运作的阶段之间。反馈一词也经常不太严格或含糊地用于反转信号对输入的修正。

第一人称体验（First-person experience） 个人意识流的私密性，无法与第三人称观察者直接分享。

fMRI（功能性磁共振造影，functional magnetic resonance imaging） 一种非介入式扫描技术，用磁共振造影技术观察大脑活动，可以记录与神经活动相关的血氧水平的变化。

集中注意力（Focal attention） 集中指向单一对象、思想或体验的注意力状态。

傅立叶变换（Fourier transform） 一种分析处理函数（例如波）的数学方法，将函数变换成正弦和余弦函数的和。

频率标记（Frequency tag） 脑磁图（MEG）和脑电图（EEG）中使用的一种方法，将大脑反应对应为特定的信号。例如，在 MEG 中，一个 7 赫兹的振荡信号在傅立叶变换对大脑活动分析的频率图中表现为一个尖峰。

弗洛伊德无意识（Freudian unconscious） 主体意识不到的区域，但能通过精神分析而意识到。

意识边缘（Fringe） 詹姆士用这个词表示"朦胧的大脑过程对我们思维的影响"，因其让我们"意识到关系和对象，只不过是隐约觉察"。

功能性聚团（Functional cluster） 在复杂性理论中，主要同自身进行交互的系统或系统的部分。动态核心就是功能性聚团。

功能连接性（Functional connectivity） 神经生理结构中实际执行神经动力学的通道，例如从输入产生输出。

功能性区隔（Functional segregation） 活动相对局限于某种给定功能的脑区。例如，一个视觉皮质区可能功能性区隔为负责颜色，另一个则负责物体运动，等等。

γ−氨基酪酸（GABA，Gamma-aminobutyric acid） 一种抑制型神经递质，在皮质和基底核的局部抑制型回路中有发现。

遗传密码（Genetic code）DNA 序列决定蛋白质中氨基酸序列的规则。编码由不重叠的三元组组成（例如，AUG 编码蛋氨酸，UUU 编码苯丙氨酸）。有 64 种三元组（或密码子），氨基酸则只有 20 种，因此编码存在简并性（参见简并性）。

完形现象（Gestalt phenomena）简单感觉输入可以通过特定的方式归并来创造出完整的感知现象，形成的图像或形状并不是所观察对象的属性，反映的是大脑的建构能力。

手势沟通（Gestural communication）通过手势交换信息，就像哑剧或有语法组织的手语那样。

神经胶质（Glia）神经系统不可或缺的支持细胞，具有生物化学、能量以及结构性功能，但不参与动作电位的传递。有几种类型，包括星型角质细胞（astrocytes）和寡树突胶质细胞（oligodendrocytes）。

全局映射（Global mapping）这个术语用来指称大脑中能够进行感知分类的最小结构。反映了多重折返映射的活动，包括运动和感觉区，连接到非折返结构，并最终连接到肌肉和能够（通过运动）对外界刺激进行采样的感受器。

苍白球（Globus pallidus）基底核的一部分。接收来自尾状核（caudate nucleus）的连接，并投射到丘脑的腹侧核（ventrolateral nucleus）。

谷氨酸（Glutamate）中枢神经系统的主要兴奋型神经递质。

赫伯突触（Hebb synapse）以心理学家赫伯（Donald Hebb）命名，他提出了赫伯规则：当细胞 A 的轴突刺激细胞 B，并持续参与它的激发，则其中之一或两者就会发生有利于 A 激发 B 的变化。赫伯突触就是遵循这条规则的突触。

半侧忽略症（Hemineglect）一些右顶叶皮质受损的病人无法再注意到或察觉场景的左半部分。

赫拉克利特幻象（Heraclitean illusion）感觉当下的一点从过去一直延伸到未来的观念。这是错觉，因为只有当下是直接可体验的，过去和未来都只是概念。

高维空间（High-dimensional space）我们生活在四维时空中（三维空间，一维时间）。感质空间是高维或 n 维空间，其中 n 是进行区辨时的维度的数量；n 远远大于 4。

高级意识（Higher-order consciousness）意识到具有意识的能力。这种能力出现在具有语义能力（黑猩猩）或语言能力（人类）的动物身上，具有了语言能力就能具有自我的社会概念和对过去和未来的概念。与初级意识相对。

海马体（Hippocampus） 形状类似于香肠的神经结构，沿两侧颞叶的前内侧区域分布。横切面像海马，因此而得名。是情景记忆的必要部位。

内平衡（Homeostatic） 细胞或组织的内部环境状态维持恒定的趋向。

类人类（Hominines） 灵长目动物，包括现代人和其由猿人分化而来的祖先。

同源结构（Homologous structures） 从共同的祖先进化而来，结构或功能不同的结构。狗和老鼠的丘脑与人类的丘脑同源。

同源基因和配对基因（*Hox and Pax Genes*） 调控形态发生的古老基因。例如配对基因 6 就对眼睛的正常发育很重要。同源基因调控后脑的结构。它们在胚胎中的表达视位置而定。

亨廷顿氏病（Huntington's disease） 一种遗传性疾病，与基底核中的尾状核和果核（putamen）的退化有关。这种病会导致不断的不自主的运动（舞蹈症，chorea），并且逐渐痴呆，直至死亡。

下丘脑（Hypothalamus） 丘脑下方的一组核群，影响到食欲、性欲、睡眠、情感表达和内分泌功能，甚至还影响到运动。下丘脑是价值系统。

理想气体（Ideal or perfect gas） 一种理论上的构想物，由随机碰撞的粒子组成，碰撞为完全弹性，碰撞时不交换互信息。

同一性（Identity） 非双生的动物在遗传上都是不一样的，因此各个个体都是独一无二的。不具有意识自我的物种也是这样。

错觉（Illusion） 心理造成的信号，导致在物理上不可证实的特征的感知。它们是对"真"感觉输入的"假"表示。卡尼沙三角轮廓和内克尔立方体（Necker cube）的错觉就是这样的例子。错觉可见于各种感觉模块，内容复杂程度不一。

信息（Information） 在书中指传递的消息导致不确定性的减少。

抑制型环路（Inhibitory loops） 由抑制型突触连接的神经元组成的环路。基底核就是典型的例子，它的多突触环路有的有抑制作用，有的有抑制抑制的作用（去抑制型）。

指令主义（Instructionism） 这种思想认为建构辨识系统时必须能辨识来自结构的信息。这种思想有一个已经被证否的例子，就是认为抗体之所以能够识别抗原是因为这些抗体在形成时是围绕在抗原的形状上。与指令主义相对的是选择主义，进化论和神经元群选择理论就是其中的例子。

整合（Integration） 在复杂性理论中，对系统的熵减或互信息的度量。在大脑科学中，是指对信号的关联、相关或连接导致产生出统一的输出。

强度（Intensity）对力度的度量。在电磁测量中，例如脑磁图描记术，强度是功率的平方根。

意向性（Intentionality）由布伦塔诺（Franz Brentano）提出的思想，认为意识指向特定的对象——意识是关于物的。与"打算（intending）"不同。

层内核（Intralaminar nuclei）丘脑中的核群，扩散投射到额叶皮质、尾状核和果核。可能涉及其投射目标的阈值的设定，从而参与意识的维持。

不可还原性（Irreducibility）如果一个理论或命题不能被某种更低层面上的理论完全解释，就是不可还原的。

詹姆士属性（Jamesian properties）意识是一种察觉形式，是连续而且不断变化的，是私人的，具有意向性，并且不会穷尽其对象的属性。

动觉（Kinesthetic）与对关节、四肢和身体的运动和位置的感知有关。

语言（Language）严格意义上是指具有语音（或符号）、语义和语法的交流工具。人类是唯一具有真正语言的物种。参见高级意识。

外侧膝状体核（Lateral geniculate nucleus）一个特殊的丘脑核群，从光感神经接收输入，并投射到初级视觉皮质区 V1。

词汇（Lexicon）具有语义或语言能力的动物的记忆中的标记或词语的集合。

语言学（Linguistics）对语言的研究，包括语音、语义和语法。神经语言学（Neurolinguistics）研究真正语言的大脑基础。

蓝斑核（Locus coeruleus）中脑中略显蓝色的神经元核群，向上扩散投射到丘脑和皮质，释放去甲肾上腺素。它是对变化信号的探测和睡眠很重要的价值系统。

逻辑原子论（Logical atomism）由罗素和维特根斯坦提出的概念，认为心智的建构是超出感觉和意象的，通过用更简单的对象来构建一切，可以形成完整的描述。维特根斯坦在晚年明确反对这种思想。

长程记忆（Long-term memory）持续时间比工作或短期记忆更长的记忆系统。情景记忆就是例子。

机器（Machine）由部件组成执行特定功能的装置。最一般性的例子也许就是图灵机。

脑磁图描记术（Magnetoencephalography，MEG）使用超导量子干涉仪（superconducting quantum interference devices，SQUIDS）测量活动大脑中的细微磁场。仪器用许多电极覆盖整个大脑，对于少到 20000 个神经元产生的内部电流的时间变化已相当敏感。空间分辨率为 1-1.5 厘米，fMRI 的分辨率能达到 3-4 毫米，但缺乏 MEG 所具有的时间分辨率。

映射图（Maps）大脑中的映射图可以是拓扑的也可是非拓扑的，意思是有些映射图会保留与相邻部分的几何关系，有些则不会。对前一种情形，映射图是指从一个领域中的几个细胞到另一领域的投射——点到区或区到区。一个重要的例子就是丘脑中的视网膜映射，然后又映射到皮质区 V1。具有不同功能的映射图之间的折返将它们绑定到动态整合结构。

意义（Meaning）在神经生物学中，是指价值系统偏见或目标的实现。在语言中，是指词语的所指或内涵——语义。

记忆（Memory）指大脑中一系列具有不同特征的系统。但不管是哪种，都是指重新唤起或重复特定的心理意象或物理行为的能力。这是一种依赖于突触强度变化的系统属性。

心理意象（Mental images）大脑在没有源头对象的外来刺激的情况下创造的意象。

心理旋转（mental rotation）是有意识地将心理意象转换到新的方向上的能力。

心理表征（Mental representations）一些持心智的计算观点的认知心理学家使用的术语。这个词是指对对象和通过计算推定的解释性行为的精确符号性建构或编码。

隐喻（Metaphor）一种修辞方法，是指将一个词赋予其通常不指代的对象；"生命的黄昏"就是一个经典的例子。隐喻参照的大脑来源可能与嵌入性有关。

亚稳态（Metastable）在完全没有扰动情况下的稳定，这种状态通常只存在于短时期内，但是在持续时间内具有明确的结构。

毫秒（Millisecond）千分之一秒。突触的作用时间介于 1 到 10 毫秒之间。

哑剧（Mime）用手势交流，不用语法或任何符号体系。

心智（Mind）源自大脑引导所有行为的一切意识和潜意识过程的总和。哲学意义上是心身问题（mind-body problem）的一端，心身问题问的是，大脑活动是如何产生出心智活动的？

模块性（Modularity）认为大脑主要通过不同区域或模块执行不同功能来运作的原则。这个观点导致"区域论（localizationism）"，与之相对的是"整体论（holism）"——认为全部大脑都需要起作用。从选择主义和复杂性理论的角度来考虑，两种观点都消弭于无形。

调制（Modulation）调整、适应和调控都是调节。在电子学中，是指信号幅值、频率和相角的变化。

运动区（Motor regions）一系列皮质区域，包括初级运动皮质、运动前区、额叶眼动区，在受到刺激时能引起肌肉收缩。

互信息（Mutual information） 在统计信息论中，系统的两部分通过互动相互交换的熵。

自然选择（Natural selection） 达尔文提出的进化论的主要部分。其中的思想是，种群中各变体的竞争会导致繁殖的差异，从而影响到基因频率的变化。

意识的神经关联（Neural correlate of consciousness） 与意识状态具有功能性关联的神经活动。

神经达尔文主义（Neural Darwinism） 神经元群选择理论使用的术语，用来强调选择主义和群体思想在大脑中的应用。

神经调节质（Neuromodulator） 改变突触行为的物质之一，包括一系列神经活性缩氨酸，作用于目标神经元时能产生抑制或兴奋作用。这类物质有许多，它们能影响痛觉、情感、内分泌反应和压力反应。

神经元（Neuron） 中枢或周围神经系统的神经细胞。

神经元群（Neuronal group） （上百或上千个）紧密互动的神经元组成的局部群体，可以是兴奋型或抑制型。它们是神经元群选择理论的选择单位。

神经生理学（Neurophysiology） 对神经元的电（和相关的化学）反应的细节的研究，可以针对单个神经元也可以是整个系统。这个领域的实验包括神经元细胞的组织培养、大脑切片、用电极探测行为动物的整个神经区域，等等。

神经递质（Neurotransmitters） 一类化学物质，突触前神经元将其从囊泡释放到突触间隙，然后与突触后神经元的受体结合，可以改变其跨膜电位或胞内化学。神经递质是神经元通讯的主要手段。参见 GABA 和谷氨酸。

噪声（Noise） 在电子学和信息论中指对信号的随机或不相关的扰动。

非意识（Nonconscious） 指不能成为意识的大脑活动，与弗洛伊德无意识相对照。

非自我（Nonself） 指不由身体发送的所有信号，来自环境的信号。

核群（Nuclei） 具有相似活动、功能、神经递质和输入输出关系的神经元紧密连接而成的群体，具有明确的神经解剖学边界。

视神经（Optic nerve） 从视网膜神经节投射到外侧膝状体核的重要纤维组。

基底核输出核群（Output nuclei of the basal ganglia） 苍白球的内侧段和黑质的网状部，投射到丘脑。

帕金森病（Parkinson's disease） 黑质的多巴胺神经元缺失导致的运动系统疾病。特征是颤动、肌肉僵硬、步伐变形，也偶尔有认知受损。

感知分类（Perceptual categorization） 大脑"雕琢出世界"产生出适应性分类的过程。早期认知功能的最基本形式。

完美晶体（Perfect crystal） 内部秩序没有任何不规则的晶体。热力学第三定律认为，由纯净物质组成的完美晶体的熵在绝对零度时为零。

现象体验（Phenomenal experience） 对感质的体验、意识。

现象转换（Phenomenal transform） 这个术语用在这里指的是折返式动态核心的神经活动（C′）衍推出意识的现象属性（C）的过程。

语音学（Phonetics） 对说话声音的研究。属于音韵学（phonology），音韵学还包括音素学，音素学研究话语的最小单元。

颅相学（Phrenology） 认为可以通过头部的隆起判断高级官能在各模块或特定区域的分布。由约瑟夫·高尔（Joseph Gall）提出。不足采信。

皮亚杰自我观（Piagetian notion of self） 以杰出的发展心理学家皮亚杰命名。用在这里指儿童能区分自身运动和受迫运动的阶段。

群体思想（Population thinking） 达尔文提出的思想，认为物种是通过对群体中的变异个体进行选择"自底向上"出现的。

突触后神经元（Postsynaptic neuron） 性质随着突触前神经元释放神经递质而变化的神经元。

功率（Power） 对脑磁图得到的波形进行傅立叶分析后得到的能量分布。等于强度的平方。

运动前区（Premotor regions） 负责运动系统准备的皮质区。还有一个这样的区域是运动辅助区（supplementary motor area），负责计划动作顺序。

突触前神经元（Presynaptic neuron） 在动作电位到达突触后向突触间隙释放神经递质的神经元。

初级意识（Primary consciousness） 基本的意识，被认为是进行感知分类的区域与调节价值范畴记忆的区域之间的折返式互动所产生的。表现为创造出记忆的当下中的场景。参见高级意识。

私人的（Privacy） 意指对意识的体验是第一人称事件，无法完全分享。

程序记忆（Procedural memory） 关于行动或特定动作的顺序的记忆，例如骑自行车。不同于情景和语义记忆。

过程（Process） 变化的序列。詹姆士强调意识是一个过程，而不是事物。

祖细胞（Progenitor cells） 能够生成神经元的脑细胞。见于成人的嗅觉区和海马区。

命题态度（Propositional attitudes） 哲学用语，代表信念、欲望和意向。

本体感受（Proprioceptive）提供身体在空间中的相对位置和身体各部分的相对关系的信息。

人脸失认症（Prosopagnosia）大脑受损导致不能识别面孔，即使是以前很熟悉的面孔。对其他对象的识别不一定受影响。

原型语法（Protosyntax）运动序列和基底核反应具有的类似语法的顺序结构。

果核（Putamen）基底核的一个核群。

感质（Quale; qualia）用来指意识体验的"感觉"——"身为 x 是什么感觉"，例如 x 可以是人或蝙蝠。我用"感质"一词表示的范畴与意识体验相同。意识反映了大量感质的整合。感质是通过折返式动态核心所实现的辨识。

感质空间（Qualia space）一种建构，反映感质不能被完全分离而是一起存在于一个多维或高维空间中。

中缝核（Raphé nucleus）位于脑干中线的一些细胞核群，投射到前脑结构，并释放血清素。中缝核是一个价值系统。

再分类（Recategorical）记忆作为一个系统属性，根据过去的经验解读当前输入的过程——也就是说并不是对原初经验的精确复制。

受体（Receptors）细胞表面的蛋白质，能结合各种化学配位基，包括神经递质、神经调节质、激素和药物等。

交互纤维（Reciprocal fibers）从两个方向上连接大脑两个区域的轴突集束。它们是折返的生理基础。

折返（Reentry）动态持续的过程，通过连接脑区的大量并行交互纤维进行递归式的信号传递。这个过程导致了捆绑，从而通过动态核心的运作作为意识的涌现奠定了基础。使得大脑中可以涌现出一致和同步的事件，因而也是时空关联的基础。

反射（Reflex）自动感觉运动环路，一个明显的例子就是受脊髓调节的运动反应。它们属于非意识，通过调制在高级大脑中发育成形。

记忆的当下（Remembered present）这个词用来描述初级意识构建的场景的时间特性，并暗示记忆过程在构建中扮演的角色。与詹姆士在《心理学原理》中提到的心理的当下（specious present）有密切联系。

库藏（Repertoire）选择系统中的各种变体组成的集合。

表征（Representations）意识辨识和分类的产物，并不意味着底层的神经状态就是表征。

思维之物（Res cogitans）笛卡儿用来指"思维的物质"，物理学无法研究。物质二元论的组成之一。

广延之物（Res extensa）延展的事物，物质二元论的另一端，物理学可以研究。

网状核（Reticular nucleus）围绕着丘脑的结构，也是丘脑的一部分，主要由到特定的丘脑核群的抑制型连接组成。

视网膜（Retina）眼睛中由光感细胞（photoreceptor cells）、视杆细胞（rod）和视锥细胞（cones）以及向视神经传送信号的神经节细胞组成的薄层。

视网膜和嗅觉上皮（olfactory epithelia）是大脑最接近身体表面的部分。

情景（Scene）初级意识中以一种辨识的方式对输入的整合。

精神分裂症（Schizophrenia）表现出严重认知功能障碍、意识模糊、思维和情感分裂的精神疾病。尚未证明是否因为某种大脑缺陷，但肯定是意识疾病。

选择主义（Selectionism）认为生物系统是在各种约束下从变体组成的群体中进行选择来运转的观念。与指令主义相对立。

自我（Self）指的是个体的遗传和免疫学身份，在这本书中更多的是指来自于个体身体与其经历和价值系统相关的特有输入。最充分发展的形式是关系到语言群体的互动的社会自我，参见高级意识。

语义记忆（Semantic memory）与对事物、人、位置和环境的识别有关的记忆。但不是情景记忆。

语义学（Semantics）对意义和指称的语言学研究。

感觉运动环路（Sensorimotor loops）输入信号和运动活动之间的连接，就像全局映射中的那样。

感觉接受器（Sensory receptors）视觉（视杆细胞、视锥细胞）、听觉（听毛细胞）、嗅觉（气味受器）等各种模块的特殊神经元。

短期记忆（Short-term memory）一个例子是记电话号码，一般认为限于 7 位数左右。

情境（Situatedness）所处的环境或生境以及对此的认识。

睡眠；快速眼动睡眠（Sleep；REM sleep）大脑隔绝外界输入，并且阻断运动输出的状态变化，EEG 会表现出明显变化。在快速眼动睡眠期，EEG 的模式表现为低幅值、不定期的快波尖峰，同时还会做梦。快速眼动睡眠为一种意识模式。

体妄想精神病（Somatoparaphrenia）不能正确辨识自己的身体部位。

时空关联（Spatiotemporal correlation）根据神经元群选择理论，由于大脑不像计算机那样受逻辑掌控，因此必须关联时间、空间和序列。这是通过折返实现的。

特异性丘脑核群（Specific thalamic nuclei） 接收不同模块的感觉信号（参见外侧膝状体核）或来自基底核等部位的运动控制信号的丘脑核群。特异性核群相互没有连接，而是投射到皮质。

心理的当下（Specious present） 詹姆士在《心理学原理》中提出的术语，用来指称对当下的意识体验。参见记忆的当下。

言语群体（Speech community） 长期用某种语言进行沟通的一群个体。

随机（Stochastic） 服从于随机过程或噪声。

纹状体（Striatum） 基底核的输入区，由尾状核和果核组成。

皮质下（Subcortical） 位于新皮质（neocortex）下面的结构，例如基底核、海马体和小脑，等等。

主观性（Subjectivity） 意指私人性的自我，也统指对这种自我的第一人称体验。

P 物质（Substance P） 能激活痛感接受器的神经调节质。

黑质（Substantia nigra） 基底核的核群之一，含有表达神经递质多巴胺的细胞。

丘脑下核（Subthalamic nucleus） 基底核的一部分。这个核群的受损会引发不受控的运动，称为挥舞症（ballismus）。

随附性（Supervenient） 描述 C′ 与 C 的关系的哲学术语，大概意思是"依附于"。心理状态的变化背后必然是神经状态的变化。

上喉腔（Supralaryngeal space） 人类喉头通过发育下降出现的喉内空腔，使得语音得到了很大的扩展，也更为细腻。

突触（Synapse） 神经元之间的重要连接结构，通过电化学方式调节信号（参见神经递质、突触后神经元、突触前神经元）。

突触强度（Synaptic strength） 神经递质的释放影响突触后神经元响应的程度。突触强度的调整指突触的强化或弱化，神经元通讯的变化对于记忆的建立是必需的。这类变化反映了神经元的可塑性。

突触囊泡（Synaptic vesicles） 突触前神经元轴突末梢含有神经递质的膜状结构。

同步（Synchrony） 事件的同时发生，例如神经元的同时激发。

语法学（Syntax） 对语言的语法和秩序的研究。

丘脑（Thalamus） 皮质的主要感觉运动中继结构。丘脑皮质系统和动态核心的重要组成部分。包括特异性核群、板内核和网状核群。

第三人称体验（Third-person experience） 外部观察者的立场不能直接体验

第一人称主观性。

神经元群选择理论（**TNGS，theory of neuronal group selection**）包含三条原则：①发育选择和②经验选择，这两条都是对神经变体库藏进行操作，以及③折返，确保时空关联和意识整合的关键过程。TNGS 是解释中枢神经系统多样性和整合性的全脑理论。

标记（**Token**）词汇中的语义元素或词语。

图灵机（**Turing machine**）有限状态自动机，能够在程序控制下读、写和擦除无穷长带子上的 0 和 1，然后向左或向右移动 1 格。图灵机是理论构造，图灵证明了通用图灵机能执行基于有效过程或算法的任何计算。

无意识（**Unconscious**）没有知觉的状态。参见非意识和弗洛伊德无意识。

统一性（**Unitary**）意识情景的整体性，意识情景不能自主拆分为分开的部分。

视一区、视二区、视三区、视四区、视五区（**V1，V2，V3，V4，V5**）辅助视觉的各种纹状皮质区和外纹状皮质区。

价值，价值系统（**Value; value systems**）选择系统的约束元素，存在于大脑的扩散上行系统中，例如多巴胺系统、胆碱系统和蓝斑核的去甲肾上腺素系统等。价值系统还包括下丘脑、网状活化系统，以及围绕着脑干中喷洒的水龙头状灰质的核群。就人类而言，价值系统可做有限的改动。

价值范畴记忆（**Value-category memory**）根据广义神经元群选择理论，价值范畴记忆系统涉及促成分类的快速突触变化，这个变化是源自价值系统的调节作用。价值范畴记忆与感知分类的折返式互动导致了初级意识。

变异性（**Variability**）大脑反应在所有层面上的变化，是神经元群选择理论的基础。

实证（**Veridical**）通过科学理论和测量的验证证实符合物理实在。

韦尼克区（**Wernicke＇s area**）颞上回的后部（22 区），受损会导致不能讲出有意义的言语或理解言语——称为韦尼克失语症。参见布洛卡区。

僵尸（**Zombie**）假设的类人生物，不具有意识，但能执行具有意识的人类的所有功能，是错误的假设。

文献注解

在前言中曾提到，我在正文中刻意避免了具体的参考文献。不过在这里还是给出一个简要的参考文献表单，以备读者索引。

就描述性的洞见来说，詹姆士的论述无人能及：

·   James，W. *The Principles of Psychology*［M］. Cambridge：Harvard University Press，1981.

·   James，W. "Does Consciousness Exist?［M］. Chicago：University of Chicago Press，1977，169–83.

从更为现代的角度给出的出色洞察，参见：

·   Searle，J. R. *The Mystery of Consciousness*［M］. New York：New York Review of Books，1997.
这本书收集了塞尔（J. R. Searle）对这个领域中许多文献的评论，同时还干净利落地抓住了重要的问题。

另一位哲学家也很好地抓住了私人性的问题：

·   Nagel，T. *Mortal Questions*［M］. New York：Cambridge University Press，1979.

从不同的途径来论述类似的问题，参见：

·   Kim，J. *Mind in a Physical World*［M］. Cambridge：MIT Press，1998.

关于取用意识的心理学理论，参见：

·   Baars，B. J. *A Cognitive Theory of Consciousness*［M］. Cambridge，England：Cambridge University Press，1988.

我自己用了20多年时间尝试建立一个科学理论，成果发表在一系列书和文章中，其中参考引用了大量关于心智问题的学术文献：

·   Edelman，G. M.，Mountcastle，V. B. *The Mindful Brain*：*Cortical Organization and the Group-Selective Theory of Higher Brain Function*［M］. Cambridge：MIT Press，1978.

·   Edelman，G. M. *Neural Darwinism*：*The Theory of Neuronal Group Selection*［M］. New York：Basic Books，1987.

·   Edelman，G. M. *The Remembered Present*：*A Biological Theory of Consciousness*［M］. New York：Basic Books，1989.

• Edelman，G. M. *Bright Air，Brilliant Fire：On the Matter of the Mind*［M］. *New York：* Basic Books，1992.

• Edelman，G. M. Neural Darwinism：The Theory of Neuronal Group Selection［J］. *Neuron*，1993（10）：115–125.

• Edelman，G. M.，Tononi，G. *A Universe of Consciousness：How Matter Becomes Imagination*［M］. New York：Basic Books，2000.

对简并性概念的阐释，参见：

• Edelman，G. M.，Gally，J. A. Degeneracy and Complexity in Biological Systems［J］. *Proceedings of the National Academy of Sciences USA*，2001（98）：13763–13768.

最近的两篇文章从各方面考虑了对意识的科学研究，参见：

• Crick，F.，Koch，C. A Framework for Consciousness［J］. *Nature Neuroscience*，2003（6）：119–26.

• Edelman，G. M. Naturalizing Consciousness：A Theoretical Framework［J］. *Proceedings of the National Academy of Sciences USA*，2003（100）：5520–5524.

后一篇文章简要阐释了这本书所阐明的观点。至于意识的神经关联的相关文献，下面这本书是出色的来源：

• Metzinger，T.，editor. *Neural Correlates of Consciousness：Empirical and Conceptual Questions*［M］. *Cambridge：*MIT Press，2000.

关于第 9 章描述的实验，参见：

• Leopold，D. A.，Logothetis，N. Activity Changes in Early Visual Cortex Reflect Monkey's Percepts During Binocular Rivalry.［J］*Nature*，1996（379）：549–553.

• Tononi，G.，Srinivasan，R.，Russell，D. P.，Edelman，G. M. Investigating Neural Correlates of Conscious Perception by Frequency-Tagged Neuromagnetic Responses［J］. *Proceedings of the National Academy of Sciences USA*，1998（95）：3198–3203.

• Srinivasan，R.，Russell，D. P.，Edelman，G.M.，Tononi，G. Increased Synchronization of Neuromagnetic Responses During Conscious Perception.［J］*Journal of Neuroscience*，1999（19）：5435–5448.

为了公平起见，最后也收录一些我不赞同的观点。下面列出的现代作者都与杰出的笛卡尔站在同一立场。

• Descartes，R. *The Philosophical Works of Descartes*，2 vols［M］. Cambridge，England：Cambridge University Press，1975.

• Popper，K.，Eccles，J. F. *The Self and Its Brain*［M］. New York：Springer，1977.

• Penrose，R. *Shadows of the Mind：A Search for the Missing Science of Consciousness*

〔M〕. New York： Oxford University Press， 1994.

· McGinn， C. *The Problem of Consciousness*： *Essays Toward a Resolution*〔M〕. Oxford： Blackwell， 1996.

· Chalmers， D. *The Conscious Mind*： *In Search of a Fundamental Theory*〔M〕. New York： Oxford University Press， 1996.

如果读者还不满足，想要更长的参考文献表单，我推荐查尔莫斯(David Chalmers)的网站，网站上有带注解的纲要：

· http： //www. u. arizona. edu/~chalmers/biblio. html

文献的爆发式增长也证明了对意识的理解的科学前景值得期待。

图书在版编目（CIP）数据

比天空更宽广 /（美）杰拉尔德·M.埃德尔曼著；唐璐译. — 长沙：湖南科学技术出版社，
2018.1（2024.11 重印）
（第一推动丛书.生命系列）
ISBN 978-7-5357-9501-4

Ⅰ.①比… Ⅱ.①杰… ②唐… Ⅲ.①意识—通俗读物 Ⅳ.① B842.7-49

中国版本图书馆 CIP 数据核字（2017）第 226186 号

Wider Than the Sky
Copyright © 2004 by Gerald M. Edelman
All Rights Reserved

湖南科学技术出版社通过 Brockman，Inc. 独家获得本书中文简体版中国大陆出版发行权
著作权合同登记号　18-2009-171

BI TIANKONG GENG KUANGUANG
比天空更宽广

著者
[美] 杰拉尔德·M.埃德尔曼

译者
唐璐

责任编辑
吴炜　孙桂均　李蓓

装帧设计
邵年　李叶　李星霖　赵宛青

出版发行
湖南科学技术出版社

社址
长沙市芙蓉中路二段416号
泊富国际金融中心
http://www.hnstp.com

湖南科学技术出版社
天猫旗舰店网址
http://hnkjcbs.tmall.com

邮购联系
本社直销科 0731-84375808

印刷
长沙超峰印刷有限公司

厂址
宁乡市金州新区泉洲北路 100 号

邮编
410600

版次
2018 年 1 月第 1 版

印次
2024 年 11 月第 8 次印刷

开本
880mm×1230mm　1/32

印张
4.25

字数
89000

书号
ISBN 978-7-5357-9501-4

定价
19.00 元